ウィンドウズ10
対応

いちばんやさしいパソコン超入門

リブロワークス

SB Creative

本書に関するお問い合わせ

この度は小社書籍をご購入いただき誠にありがとうございます。小社では本書の内容に関するご質問を受け付けております。本書を読み進めていただきます中でご不明な箇所がございましたらお問い合わせください。なお、ご質問の前に小社Webサイトで「正誤表」をご確認ください。最新の正誤情報を下記のWebページに掲載しております。

本書サポートページ https://isbn2.sbcr.jp/01775/

上記ページのサポート情報にある「正誤情報」のリンクをクリックしてください。
なお、正誤情報がない場合、リンクは用意されていません。

ご質問送付先

ご質問については下記のいずれかの方法をご利用ください。

Webページより

上記のサポートページ内にある「ご意見・ご感想」をクリックしていただき、ページ内の「書籍の内容に関するお問い合わせ」をクリックすると、メールフォームが開きます。要綱に従ってご質問をご記入の上、送信してください。

郵送

郵送の場合は下記までお願いいたします。

〒106-0032
東京都港区六本木2-4-5
SBクリエイティブ　読者サポート係

■本書内に記載されている会社名、商品名、製品名などは一般に各社の登録商標または商標です。本書中では©、™マークは明記しておりません。

■本書の出版にあたっては正確な記述に努めましたが、本書の内容に基づく運用結果について、著者およびSBクリエイティブ株式会社は一切の責任を負いかねますのでご了承ください。

はじめに

「パソコンは難しそう。でも使ってみたい！」
この本は、そんなみなさんのために企画されました。

パソコンにまったく触れたことがない人でも、本のとおりに操作すればパソコンを便利に使えるように、内容を工夫しています。

難しい言葉はなるべく使わず、イラストや画像を多用して、楽しく学べるようになっています。

パソコンは一見難しそうですが、あくまで人のための道具です。どうか萎縮せず、まずは触れてみましょう。楽しい世界がみなさんを待っています。

この本が、豊かなパソコンライフの第一歩になれば幸いです。

2019年6月
リブロワークス

ご購入・ご利用の前に必ずお読みください。

- 本書では、2019年6月20日現在の情報に基づき、ウィンドウズ 10についての解説を行っています。
- 画面および操作手順の説明には、以下の環境を利用しています。
  - **ウィンドウズ 10のバージョン：May 2019 Update（バージョン1903）**
  - **ウィンドウズ 10のエディション：Windows 10 Home Edition**
- パソコンがインターネットに接続されていることを前提にしています。
- 本書の発行後、ウィンドウズ 10がアップデートされた際に、一部の機能や画面、操作手順が変更になる可能性があります。また、インターネット上のサービスの画面や機能が予告なく変更される場合があります。あらかじめご了承ください。

本書の使い方

本書は、これからパソコンをはじめる方の入門書です。
63 のレッスンを順番に行っていくことで、パソコンの基本がしっかり身につくように構成されています。

紙面の見方

レッスン
本書は9章＋2つの付録で構成されています。レッスンは1章から通し番号が振られています。

ここでの操作
レッスンで使用する操作を示しています。

手順
レッスンで行う操作手順を示しています。画面と右の説明を見ながら、実際に操作してください。

2章 レッスン 8

この章の進度

ウィンドウの大きさを自由に変えよう

ウィンドウは、**好きな大きさに変えられます**。大きくしたり、いくつかの画面を表示するとき、重ならないようにしたりできます。

ここでの操作　ポインターの移動 24ページ　左クリック 24ページ　ドラッグ 27ページ

2章 デスクトップを操作してみよう

1 ウィンドウの隅にポインターを移動します

45 ページから続けて操作します。

天気アプリが表示されています。

ポインターを移動

ポインターを、ウィンドウ右下の隅に**移動**します。

46

読みやすい！

書籍全体にわたって、読みやすい、太く、大きな字を採用しています。

安心！

すべての手順を省略せずに掲載。初心者がつまずきがちな落とし穴も丁寧にフォローしています。

楽しい！

多くの人がパソコンでやりたいことを徹底的に研究して、役立つ、楽しい内容に仕上げています。

2 ウィンドウの大きさを変更します

ポインターが に変わったら、外側（右下）へドラッグします。

ウィンドウが大きく表示されます。

アプリによっては、画面を大きくすると、見た目が変わることがあります。

ヒント ウィンドウの大きさの変更について

この例では、ウィンドウの右下の隅から大きさを変更しました。実は、ウィンドウの大きさは、ウィンドウの左上、右上、左下、右下のどこからでも変更できます。四隅のいずれかに ポインターを移動して、試してみましょう。また、ポインターをウィンドウの内側にドラッグすると、ウィンドウを小さくすることができます。

終わり

47

ウィンドウの大きさを自由に変えよう

2章 デスクトップを操作してみよう

アドバイス
操作の補足説明をしています。

アドバイス
タスクバーにも、天気アプリのボタンが表示されます。

参考情報
さまざまな参考情報を掲載しています。

ヒント
レッスンに関連する、役立つ情報を掲載しています。

目次

1章 パソコンをはじめよう

2章 デスクトップを操作してみよう

3章 文字を入力しよう

4章 文章を編集しよう

5章 インターネットをはじめよう

6章 インターネットを活用しよう

7章 電子メールを使おう

8章 スマホから写真を取り込もう

9章 ファイルを整理しよう

付録1 ネットショップで買い物してみよう

付録2 マイクロソフトアカウントについて知ろう

巻頭特集 1

パソコンについて知ろう

パソコンを使うと、いろいろなことが便利にできます。
ここでは、どんなことができるのかを紹介します。

パソコンでどんなことができるの？

❶さまざまな文書が作れます！

きれいな文書が作れます。町内会のお知らせを作ったり、日記を書いたりできます。

❷いろいろな調べものができます！

インターネットを使って、知りたい情報を調べることができます。天気や動画も見られます。

❸メールのやり取りができます！

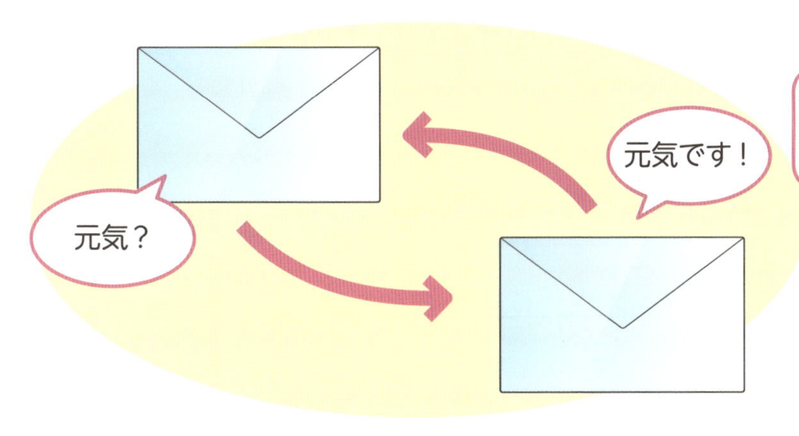

パソコンの大きな画面でメールが使えます。

❹写真を楽しめます！

スマホやデジカメで撮った写真を、パソコンに保存しましょう。大きな画面で見たり、印刷したりできます。

❺自宅で買い物もできます！

かんたんに買い物ができます。支払い方法も選べ、キャンセルもできるので、安心して購入できます。

巻頭特集 2

パソコンを使ううえで必要なもの

パソコンを使うためには、パソコン本体以外にも必要なものがあります。パソコンの操作に必要な、機器と環境について知っておきましょう。

パソコンの操作に必要な機器

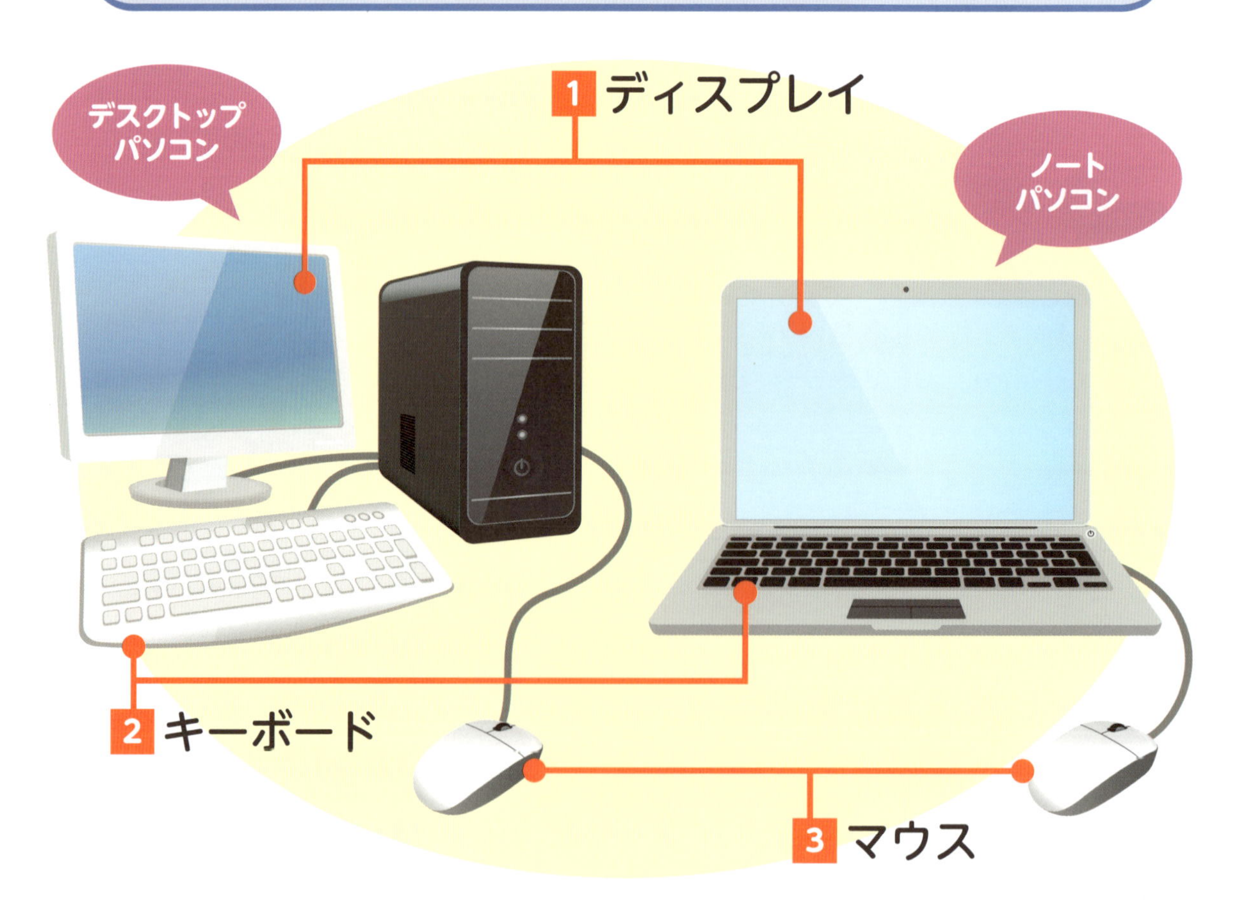

デスクトップパソコンは、1ディスプレイ、2キーボード、3マウスをつなぐ必要があります。ノートパソコンは一体型ですが、3マウスが別にあったほうが使いやすいでしょう。

パソコンを使うのに必要な環境

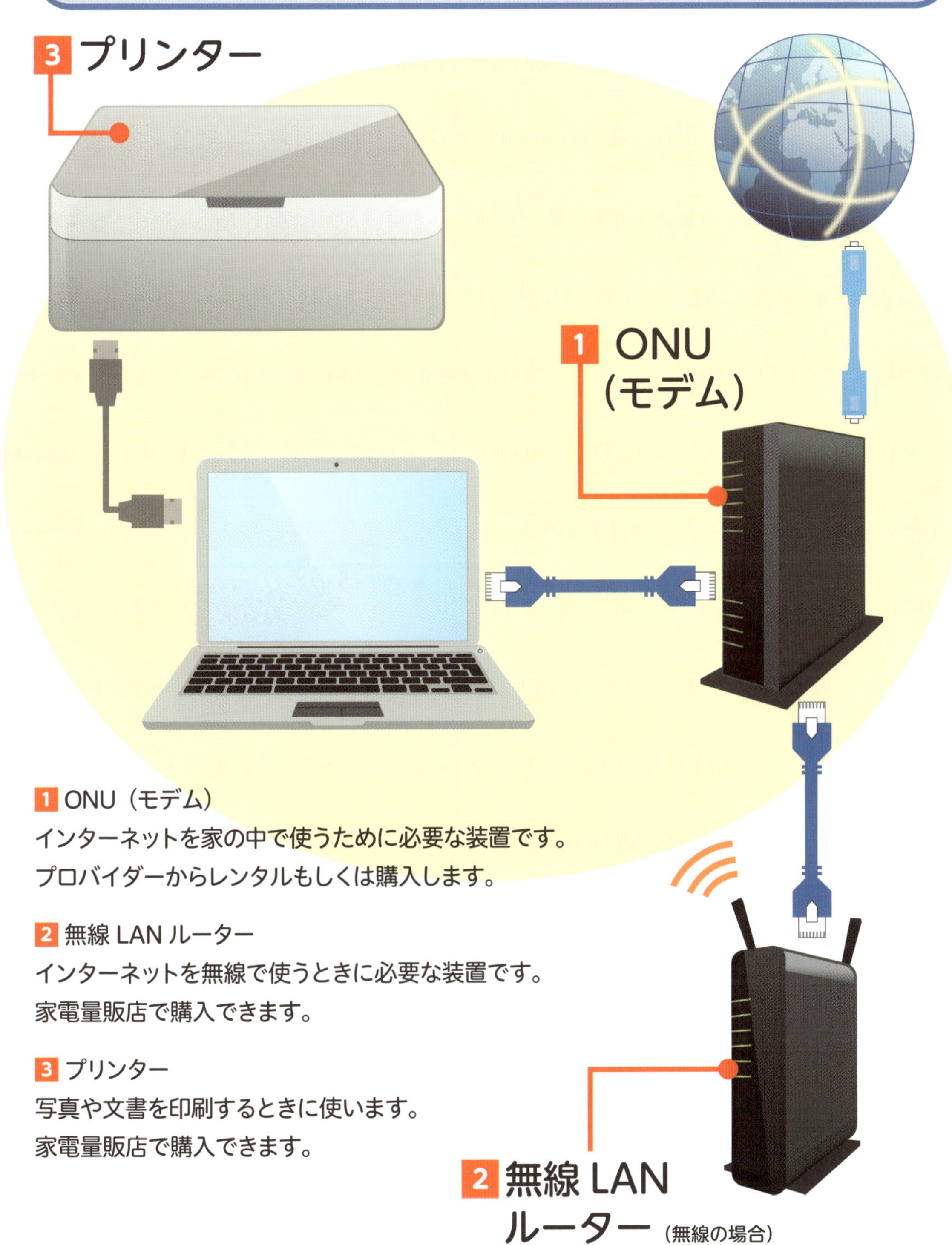

1 ONU（モデム）

インターネットを家の中で使うために必要な装置です。
プロバイダーからレンタルもしくは購入します。

2 無線 LAN ルーター

インターネットを無線で使うときに必要な装置です。
家電量販店で購入できます。

3 プリンター

写真や文書を印刷するときに使います。
家電量販店で購入できます。

巻頭特集 3

パソコンをはじめる前に

必要なものを揃えたら、**初期設定**をします。詳しい人に聞くか、パソコンを購入した家電量販店などで有償サポートを受けるといいでしょう。

パソコンを使うまでに必要なこと

❶インターネットの申し込み

・インターネット回線の工事の申し込み
・プロバイダー（インターネットサービス提供会社）と契約

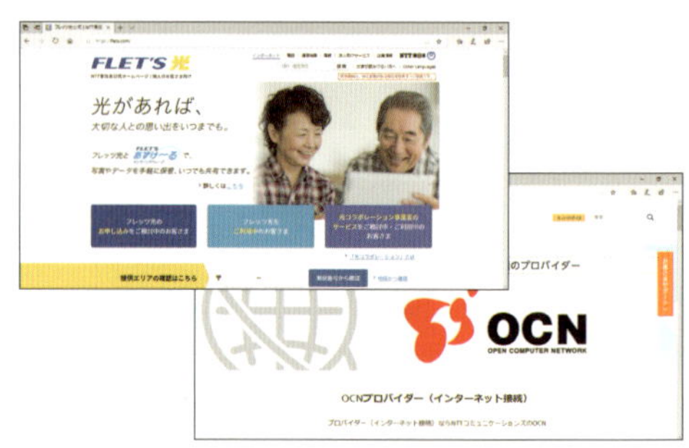

❷パソコンの初期設定

・パソコンの電源ケーブルをコンセントにつなぐ
・電源ボタンを押し、画面にしたがって初期設定する

❸プリンターの初期設定

・パソコンとプリンターをつなぐ
・ドライバー（プリンターのソフト）をパソコンに入れて、初期設定する

1章

パソコンをはじめよう

この章のレッスン

1章
レッスン
1

パソコンを起動しよう

パソコンの電源を入れることを、**起動**といいます。電源を入れる前に、**電源ケーブルがしっかりつながっている**ことを確認してください。

ここでの操作

左クリック

入力
60ページ

1 電源ボタンを押します

電源ケーブルを、コンセントに接続します。

パソコンの電源ボタンを押します。

左のような画面が表示されたら、

左クリックします。

アドバイス

左の画面の、どこをクリックしても大丈夫です。

2 パスワードを入力します

左の画面が
表示されたら、
パスワードを
入力します。

を
左クリックして、
少し待ちます。

アドバイス

 を左クリックすると、入力中のパスワードが見られます。

3 パソコンが起動しました

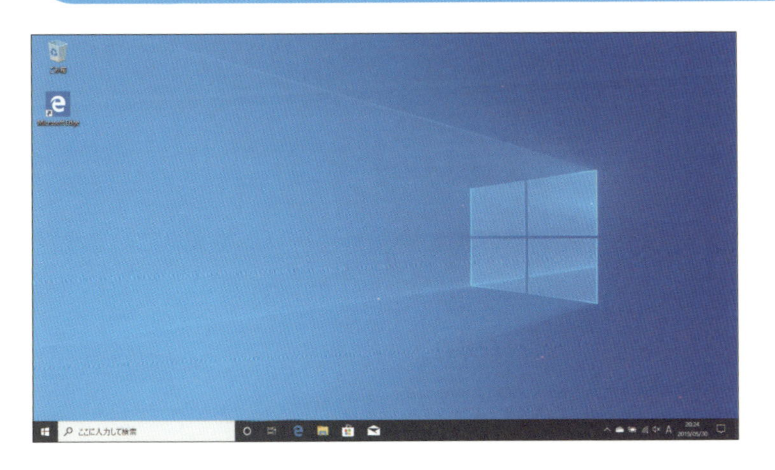

デスクトップ画面が
表示されます。

パソコンの画面構成を知ろう

パソコンを起動したときの一番最初の画面を、デスクトップといいます。各部の名前と役割を確認しましょう。

パソコンの画面構成

1 デスクトップ

パソコンを起動したときの、一番最初の画面です。この画面から操作をはじめます。

2 タスクバー

さまざまな機能やボタンが集まっている場所です。常に画面の下にあります。

各部の名前と役割

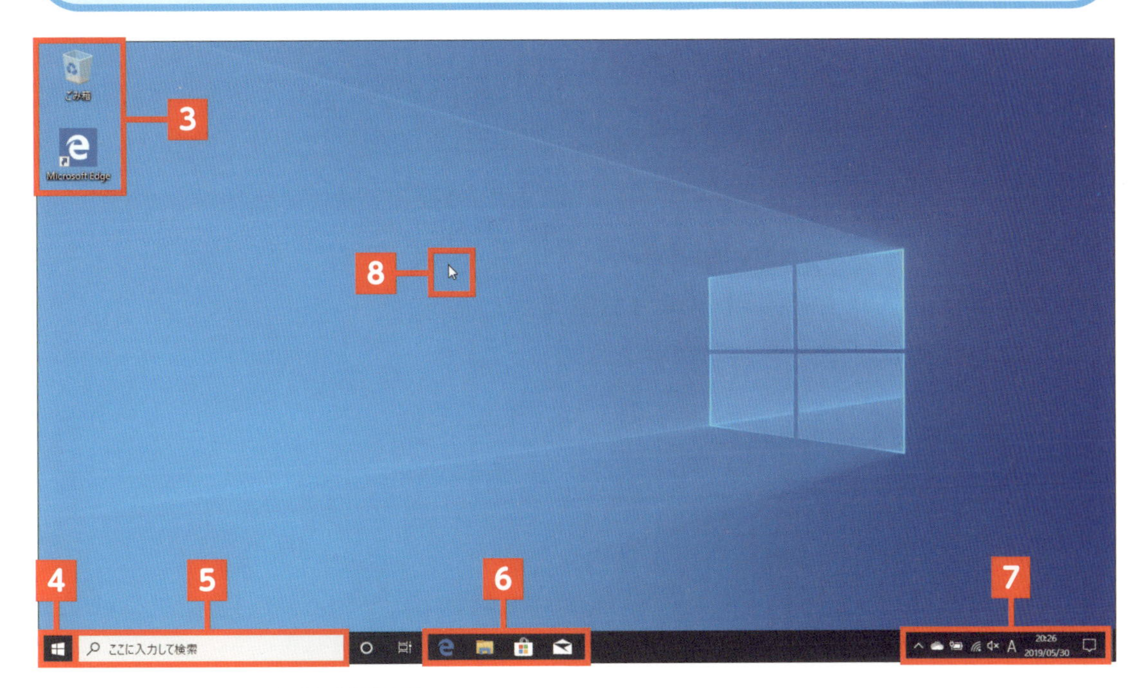

3 アイコン  

絵のボタンのことです。
アイコンを押すと、その機能が使えます。

4 スタートボタン 

このボタンを押して、アプリ（パソコンに入っているソフト）を起動したり、電源を切ったりなどの操作をします。

5 検索ボックス

使いたいアプリ名や探したいファイル名を入力して、検索できます。

ここに入力して検索

6 タスクバーボタン

よく使うアプリが登録されています。ボタンを押すと、そのアプリが使えます。

7 通知領域

日付や時刻、お知らせが出る場所です。パソコンの音量の調整もできます。

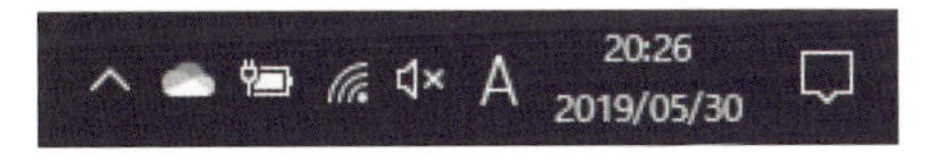

8 ポインター 

マウスの動きを表す矢印です。ポインターを動かすことで、パソコンを操作できます。

終わり

1章 レッスン 3

この章の進度

マウスを使おう

パソコンを操作するのによく使うのが、マウスです。
マウスの正しい持ち方や、動かし方を覚えましょう。

マウスの各部の名前と役割

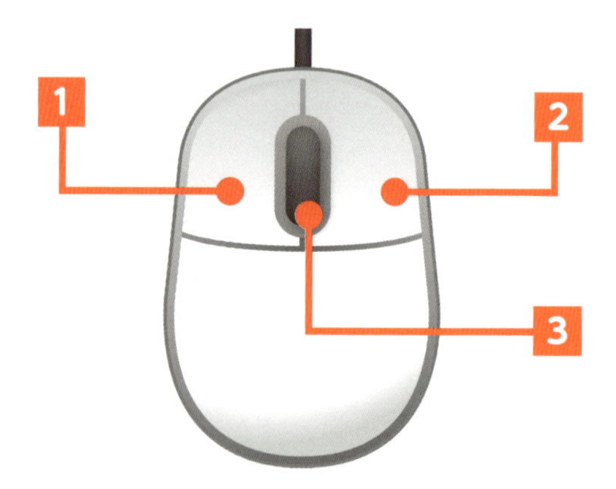

1 左ボタン

左のボタンを1回押すことを、左クリックといいます。画面内の何かを選択したり、押したりするのに使います。

2 右ボタン

右のボタンを1回押すことを、右クリックといいます。主に操作のメニューを出すのに使います。

3 ホイール

ホイールを上下にくるくる回すことで、アプリの画面を上下にスクロールできます。

マウスの持ち方

❶マウスに手を置く

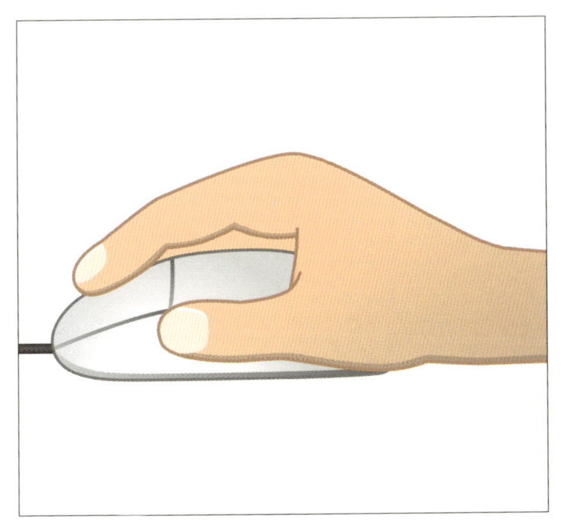

力を抜いて、マウスの上に軽く手を置きます。**手首は机につけましょう**。

❷ボタンに指を乗せる

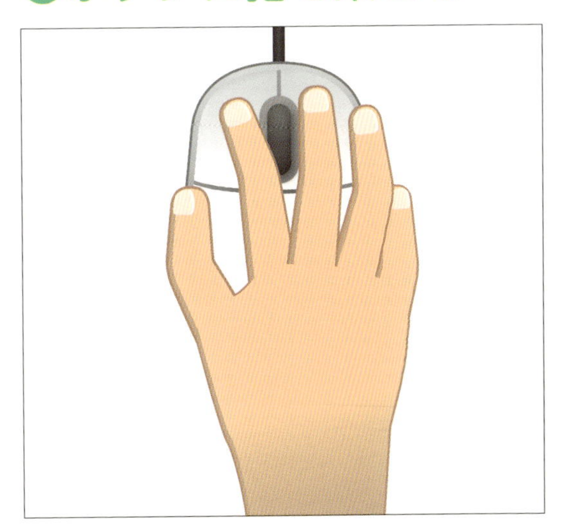

マウスを**親指**と**薬指**で軽くはさみます。**人差し指**を左ボタンに、**中指**を右ボタンに乗せます。

❸マウスを動かす

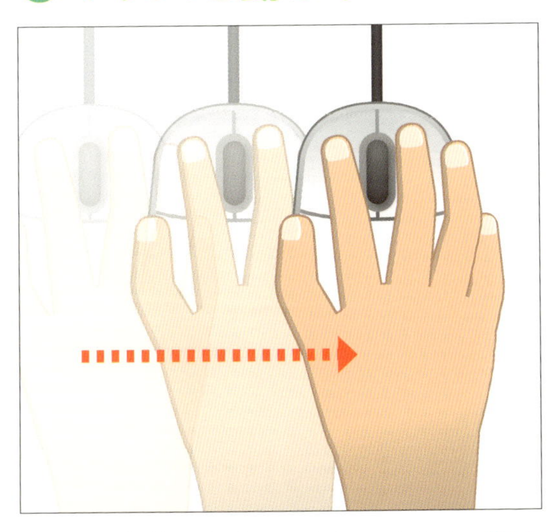

マウスを前後や左右に動かしてみます。**机の上をすべらせるように**動かしましょう。

手首を机に置いて、
力を入れずに動かす
と楽に動かせますよ！

次のページへ

マウスの動かし方

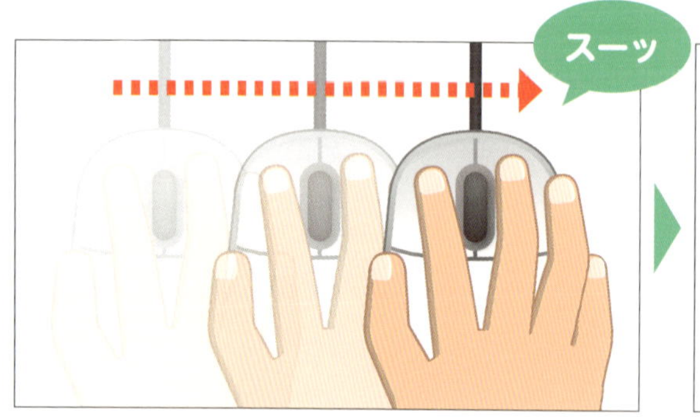

マウスを、右に動かしてみましょう。机の上をすべらせるように動かします。

パソコンの画面の ポインター（矢印）も右に動きます。

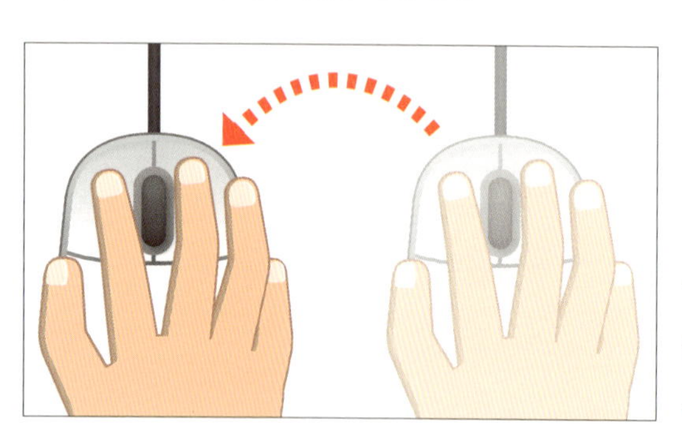

マウスが右に動かせなくなったら、軽く持ち上げて左に戻します。そこからまた右に動かします。

マウスのクリックの方法

❶左クリック

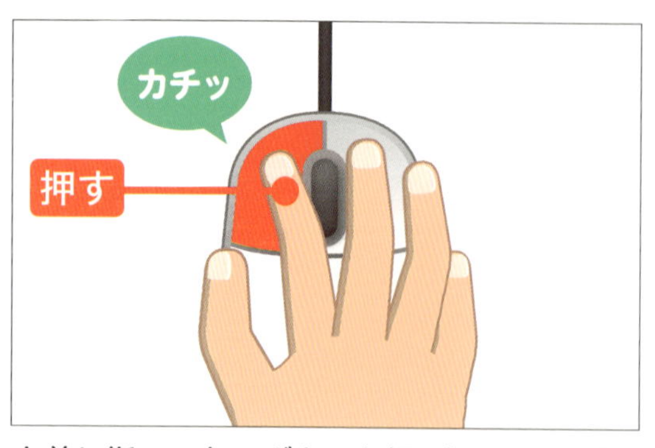

人差し指で、左のボタンを軽く押します。「カチッ」と音がしたら、人差し指の力を抜きます。

❷右クリック

中指で、右のボタンを軽く押します。「カチッ」と音がしたら、中指の力を抜きます。

マウスのホイールの使い方

❶画面の下側を見る

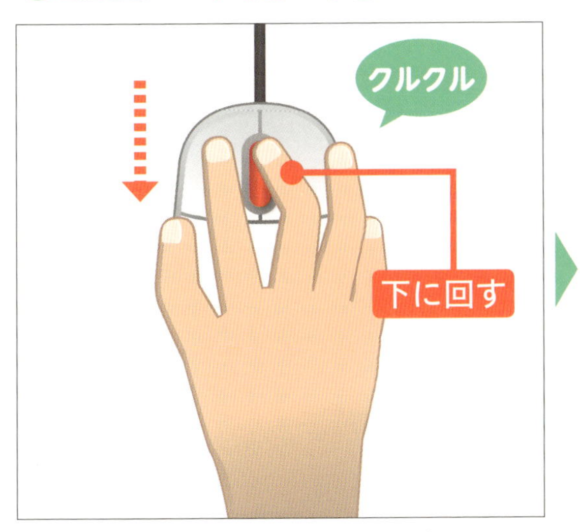

アプリの画面が縦に長く、下側が見えないときがあります。こんなときは、中指をマウスのホイールに軽く置き、下側に回します。

画面が下から上にスクロールして、見えなかった画面の下側が表示されます。

❷画面の上側に戻る

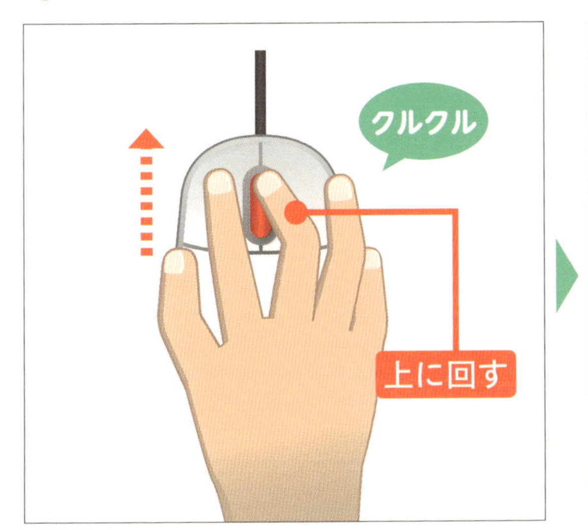

画面の上側に戻るには、マウスのホイールを上側に回します。

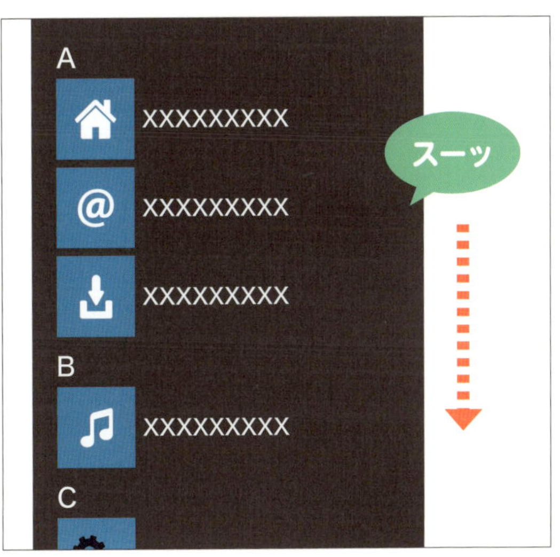

画面が上から下にスクロールして、画面の上側が表示されます。

次のページへ

マウスをダブルクリックしてみよう

❶「ごみ箱」にポインターを移動する

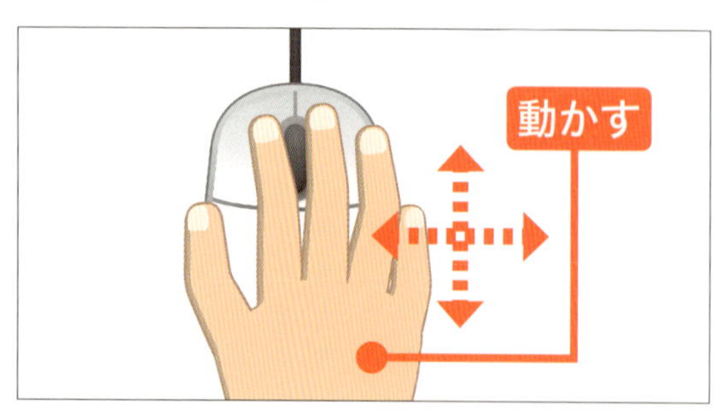

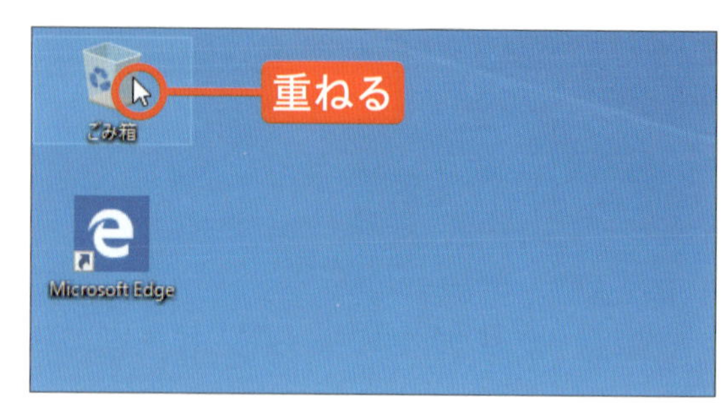

デスクトップにある「ごみ箱」でダブルクリックを試してみましょう。マウスを動かして、ポインターを「ごみ箱」の絵に重ねます。

❷ダブルクリックする

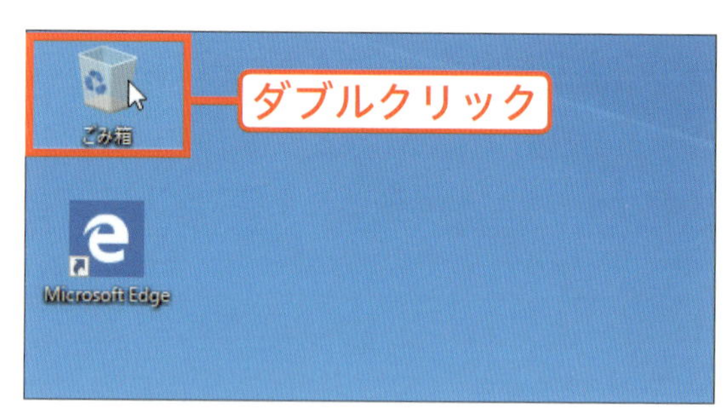

マウスの左ボタンを、素早く2回続けて、「カチカチッ」と押します。これをダブルクリックといいます。

❸「ごみ箱」が開く

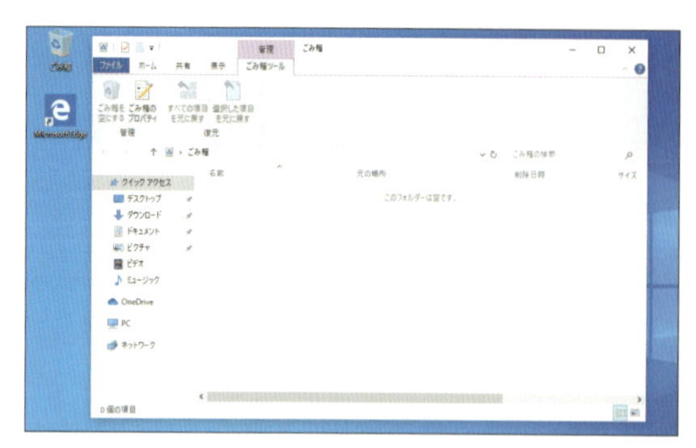

ダブルクリックに成功すると、「ごみ箱」の画面が開きます。

❹「ごみ箱」を閉じる

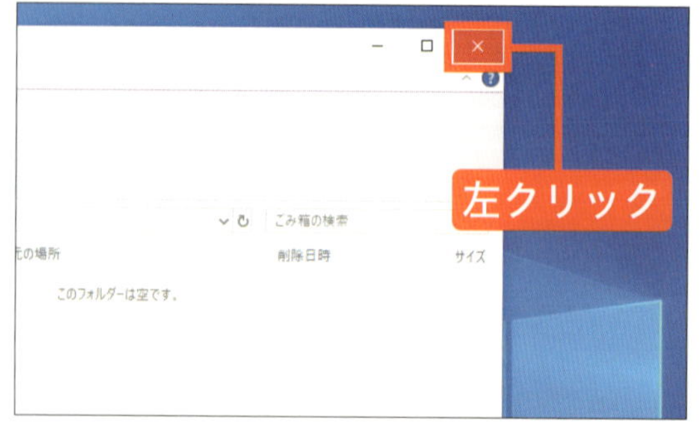

右上の×にポインターを合わせます。左クリックすると、「ごみ箱」の画面が閉じます。

マウスをドラッグしてみよう

❶「ごみ箱」にポインターを移動して、左ボタンを押し続ける

デスクトップにある「ごみ箱」でドラッグを試してみましょう。ポインターを「ごみ箱」の絵に重ねてから、マウスの左ボタンを押し続けます。

❷マウスを動かす

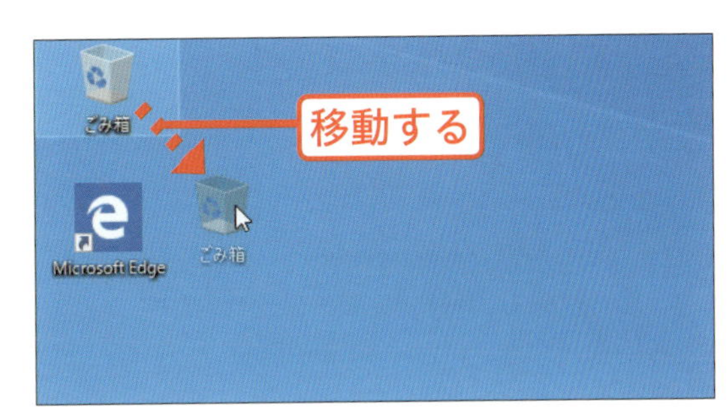

「ごみ箱」の上で左ボタンを押したまま、マウスを右下へすべらせるように動かします。このように、ボタンを押したままマウスを動かすことをドラッグといいます。

❸「ごみ箱」が移動する

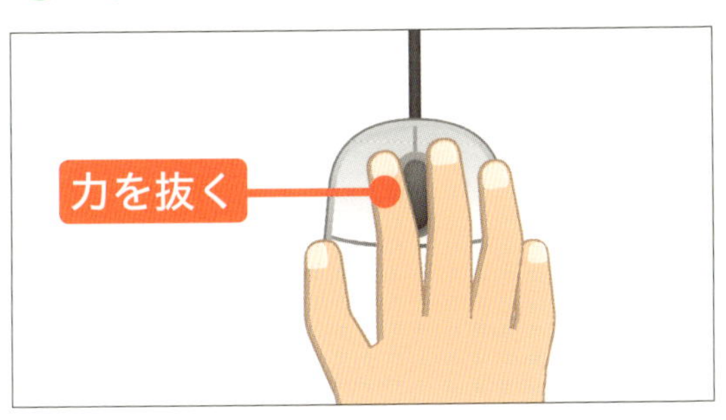

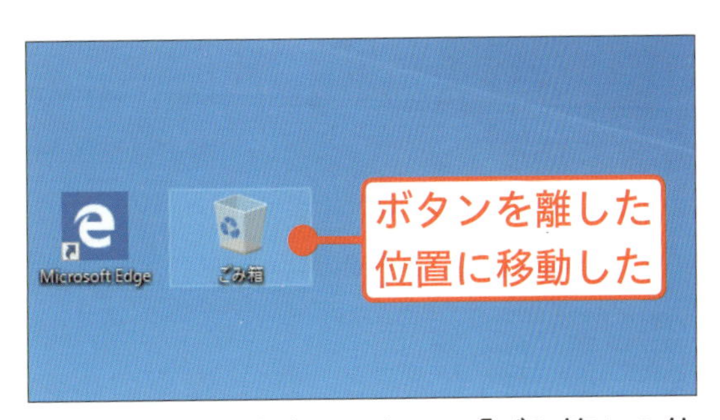

移動したい位置まで動かしたら、指の力を抜き、ボタンを離します。これで、「ごみ箱」の位置が移動しました。同じ方法で、元の位置まで戻しましょう。

終わり

この章の進度

ノートパソコンのタッチパッドを使おう

ノートパソコンの多くには、マウスの代わりになるタッチパッドがついています。ここでは、タッチパッドの使い方を覚えましょう。

タッチパッドの基本操作

1 ポインターを移動する

人差し指で軽くなぞると、その方向にポインターが移動します。

2 左クリックをする

左下のボタンを、人差し指で１回押すと、左クリックになります。

3 右クリックをする

右下のボタンを、人差し指で１回押すと、右クリックになります。

タッチパッドでダブルクリックしよう

左下のボタンを素早く2回続けて、「カチカチッ」と押します。
これがダブルクリックです。

アドバイス
タッチパッドの一番上を指先で軽く2回叩いても、ダブルクリックになります。

タッチパッドでドラッグしよう

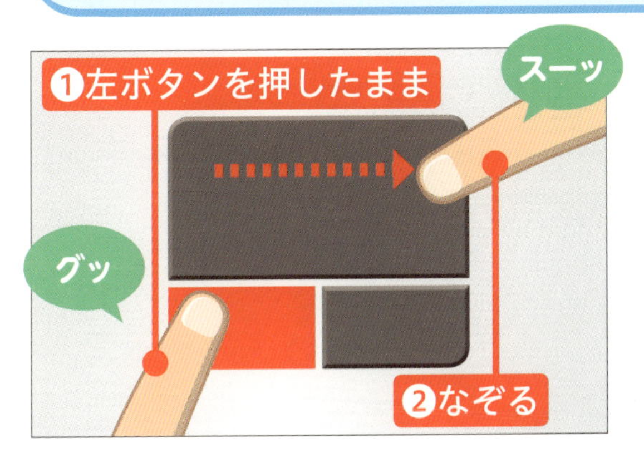

左手の人差し指で左下のボタンを押したまま、タッチパッドの一番上を指でなぞります。
必要な位置まで動かしたら、指を離します。
これがドラッグです。

タッチパッドでスクロールしよう

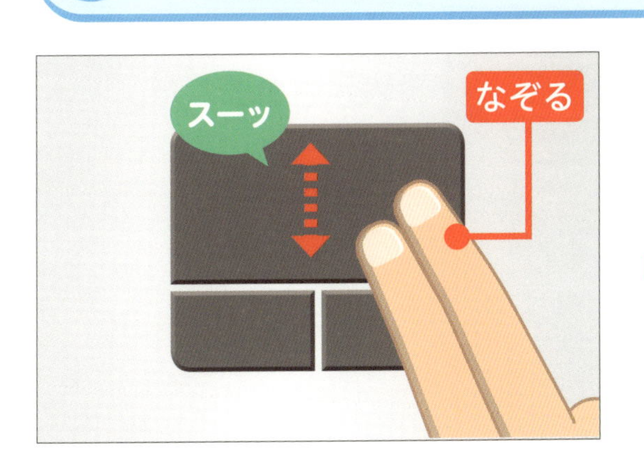

タッチパッドの一番上を、人差し指と中指で上下になぞります。
すると、アプリの画面を上下にスクロールできます。

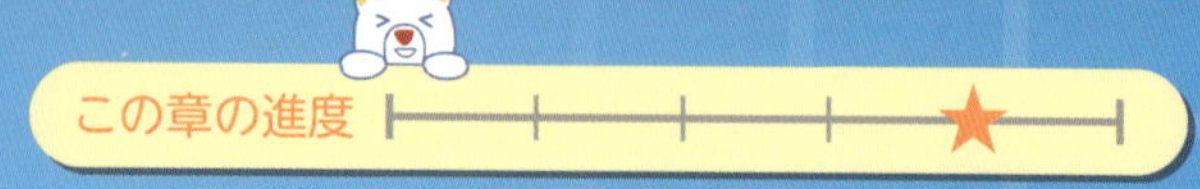

スタートメニューの使い方を知ろう

パソコンでアプリを起動したり、なにか操作をはじめるときに使うのが、スタートメニューです。さっそく中を確認してみましょう。

ここでの操作

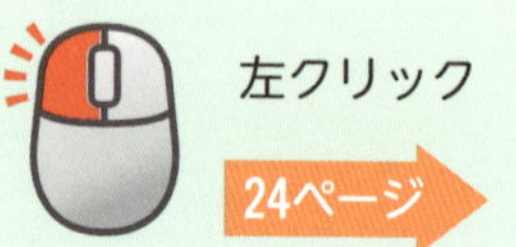

1 スタートメニューを表示します

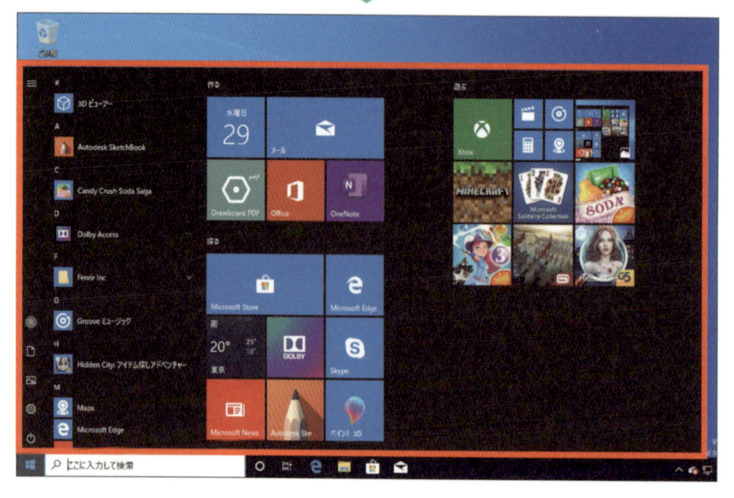

スタートメニューが表示されました。

② アプリ一覧の下の方を表示します

アプリ名が縦に並んでいる上に、ポインターを移動します。

ホイールを下に回します。

③ 下の方が表示されます

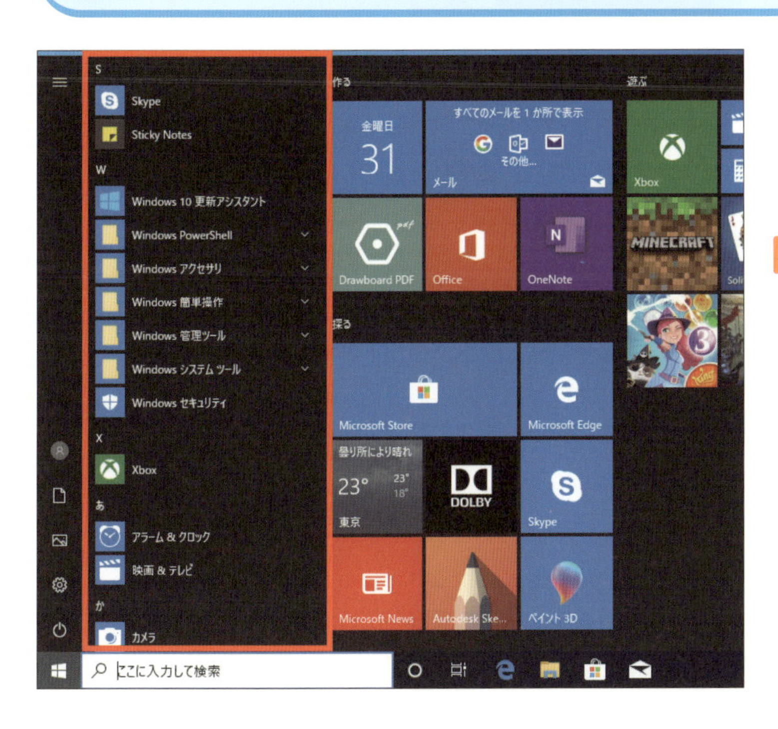

見えなかった下の方が表示されました。

アドバイス

ホイールを上に回すと、上の方の表示に戻ります。

次のページへ

4 スタートメニューを終了します

デスクトップ画面のなにもないところに、ポインターを移動します。

左クリックします。

スタートメニューが終了し、デスクトップ画面が表示されました。

1章 パソコンをはじめよう

スタートメニューの各部の名前と役割

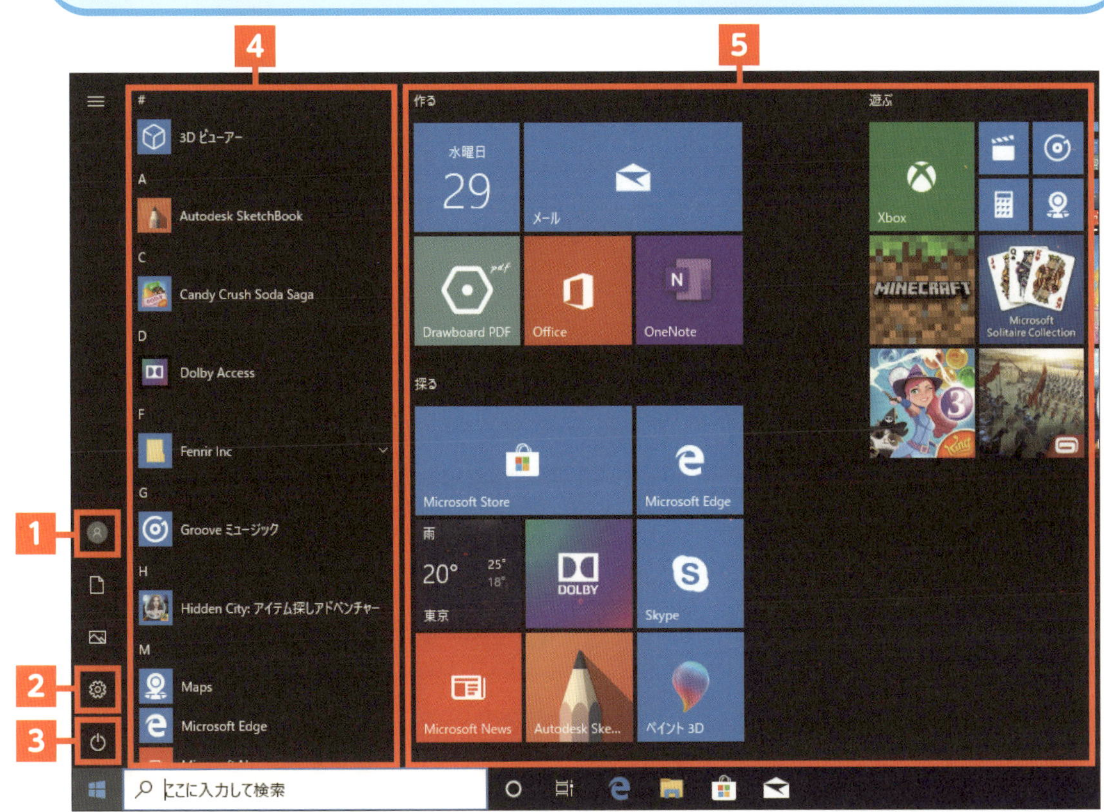

1 アカウント

パソコンを使う人の情報を登録することを、「アカウントを作る」といいます。この部分に登録した名前が表示されます。

2 設定 

パソコンを使ううえでのさまざまな設定ができます。

3 電源

パソコンの電源を切ったり、休止状態にしたりするときに使います。

4 アプリ一覧

パソコンに入っているアプリ（ソフト）が一覧表示されている場所です。アプリの頭文字ごとに、A～Z、あ～んの順で並んでいます。

5 タイル

よく使う一部のアプリが、起動しやすいように大きなボタンになっている場所です。「アプリ一覧」と「タイル」のどちらにもあるアプリなら、どちらを左クリックしても同じものを起動できます。

終わり

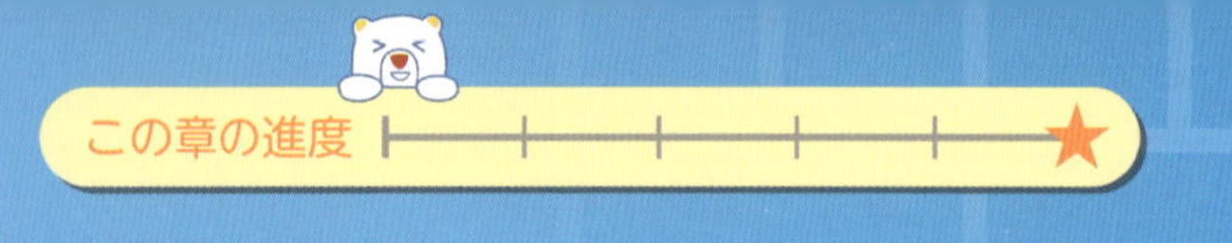

パソコンを終了しよう

パソコンを使い終わったら、終了しましょう。
パソコンの電源を切ることをシャットダウンといいます。

1 電源メニューを表示します

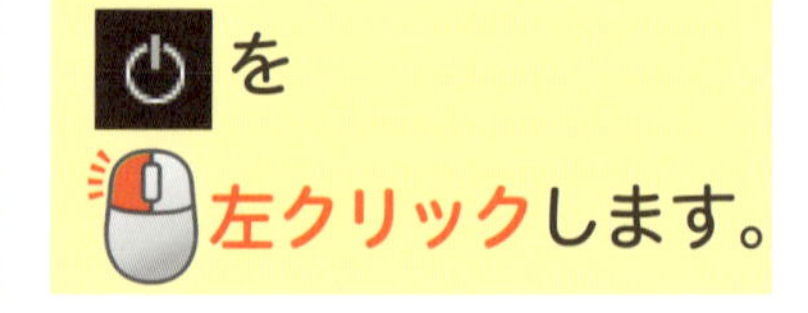

② パソコンを終了します

を左クリックします。

シャットダウンがはじまります。

電源が完全に切れるまで待ちましょう。

パソコンの電源ボタンを直接押すのではなく、スタートボタンから電源を切りましょう！

ヒント トラブルがあったら、まずは「再起動」をしよう！

パソコンの動きが遅いなど、調子が悪いときは、「再起動」を試してみましょう。
まずは、スタートメニューを表示して、⏻ を左クリックします。
次に、再起動 を左クリックします。
これでパソコンが再起動して、一番最初の起動画面（18 ページ）に戻ります。

ステップアップ

Q 画面がいつの間にか真っ暗になっていた！

A パソコンがスリープ状態になっています。

パソコンは、起動したあと、しばらく触らないでいると、スリープ状態になります。これは、画面を暗くして、電気の消費を抑えている状態です。故障ではありません。画面を復活させるには、以下の❶〜❸の操作のいずれかを行いましょう。
なお、パソコンの設定によって、操作方法は変わります。

❶ パソコンの電源ボタンを、軽く１回押す

❷ キーボードのキーのどれかを押す

❸ マウス（タッチパッド）を動かす

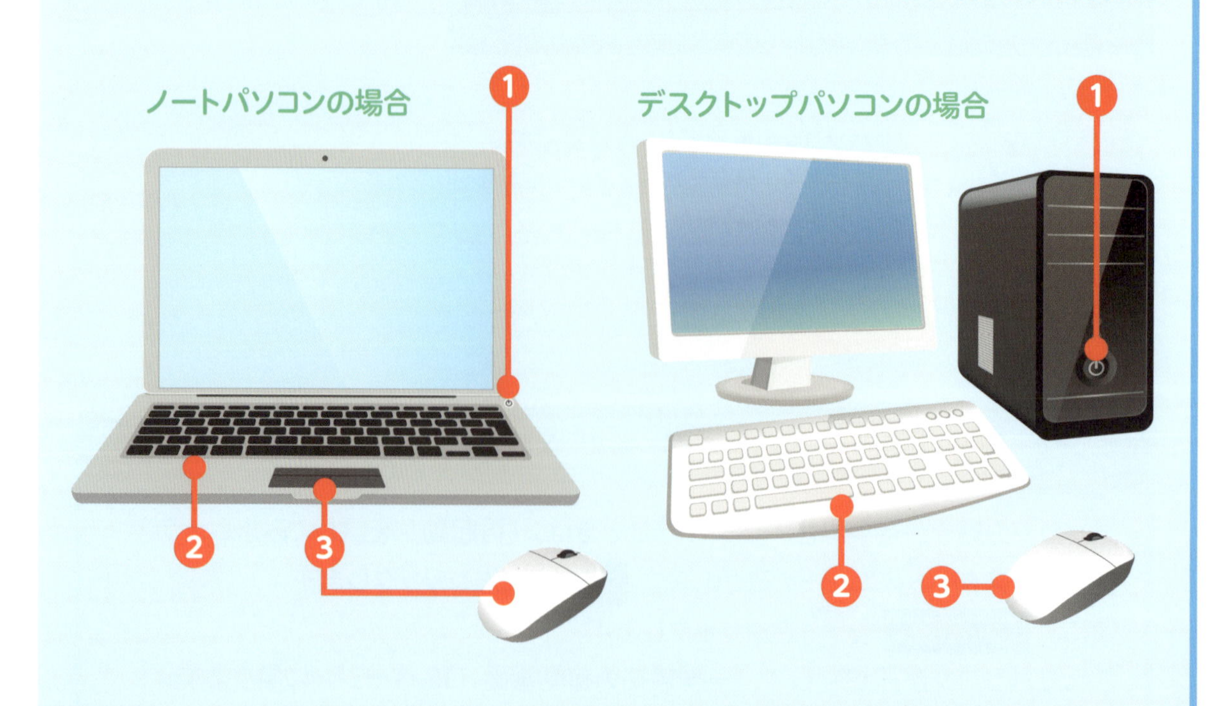

ステップアップ

Q パソコンの表示が小さくて見づらいときは？

A 画面の表示を大きくしましょう。

パソコンの画面表示が小さくて見づらいときは、設定を変更しましょう。デスクトップでマウスを右クリックして、設定ができます。

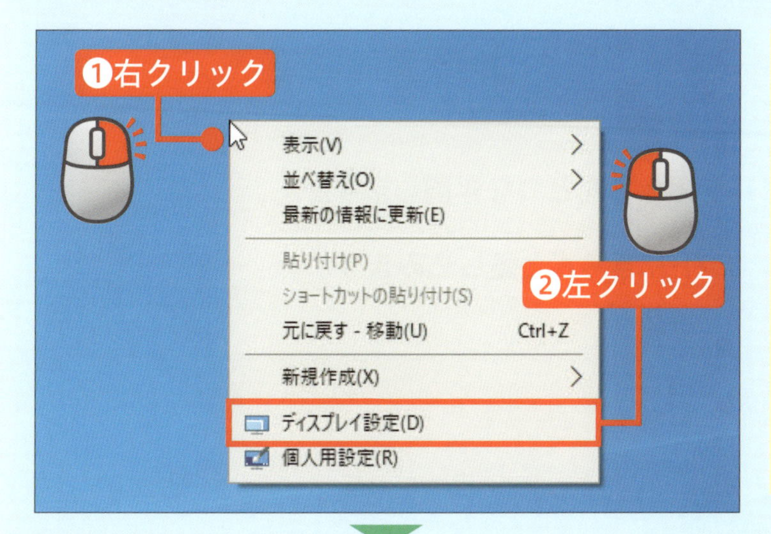

デスクトップ画面の何もないところで、右クリックします。表示されたメニューから、ディスプレイ設定(D)を左クリックします。

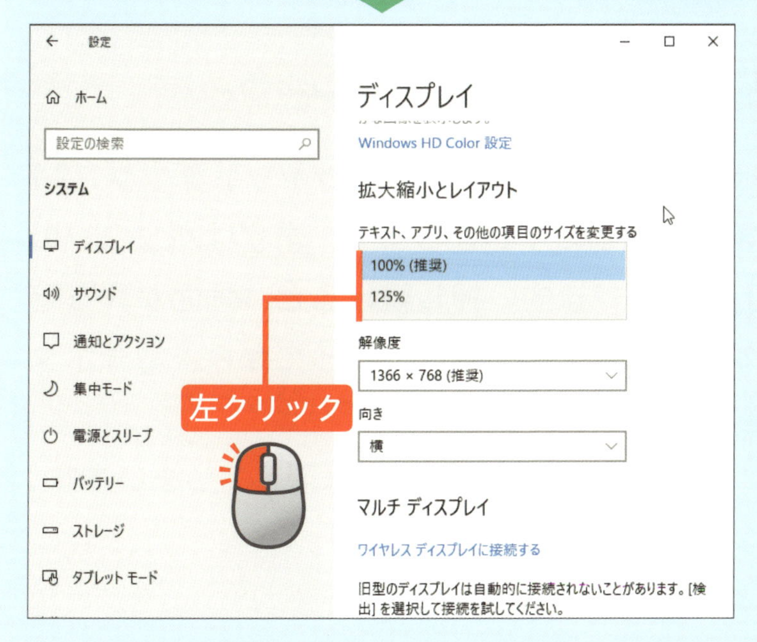

「拡大縮小とレイアウト」の「100%」を左クリックし、100%よりも大きいサイズを選びましょう。

少し待つと画面の表示が大きくなります。

ステップアップ

Q パソコンの電源が入らないときは？

A 電源ケーブルを確認しましょう。

パソコンの電源ボタンを押しても、電源が入らない場合、電源ケーブルが抜けている可能性があります。以下を確認しましょう。

1 パソコンと電源ケーブルを、きちんとつなぎ直します。

2 電源ケーブルを、コンセントにきちんと差し込みます。

ステップアップ

Q パソコンの電源が切れないときは？

A 電源ボタンを 4 秒以上押して強制終了しましょう。

パソコンの表示が固まってしまって、どうしてもシャットダウン（34 ページ）ができないときは、強制終了しましょう。まずはパソコンの電源ボタンを、4 秒以上押し続けます。押し続けると、画面が真っ暗になり、電源が切れます。そのあと、5 秒以上待ってから、電源ボタンを押して、パソコンを起動しましょう。
なお、強制終了すると、保存されていないデータは消えてしまいます。むやみに強制終了をしないように、注意しましょう。

2章

デスクトップを操作してみよう

この章のレッスン

レッスンをはじめる前に

パソコンには目的ごとのアプリが入っています

パソコンには、最初からたくさんの「**アプリ**」が入っています。アプリは、特定の作業をするときに使うソフトのことです。ワープロや電卓、メールなど、やりたいことに応じてアプリを使い分けます。

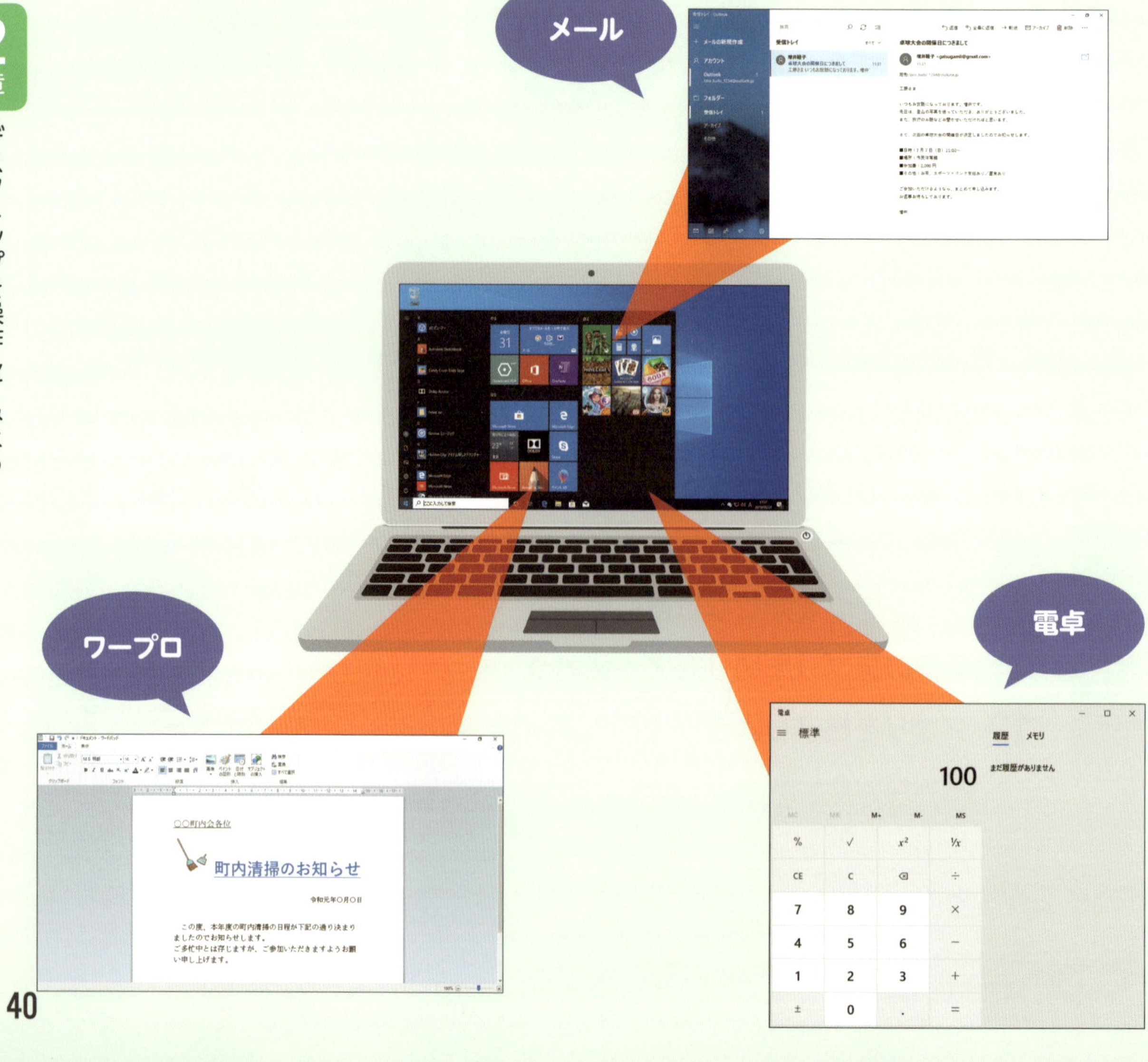

アプリは「ウィンドウ」で画面に表示されます

アプリを起動すると、四角い枠で囲まれた「**ウィンドウ**」が開きます。アプリごとに別のウィンドウが開き、複数のウィンドウを同時に開くこともできます。ウィンドウは大きさや位置を変えられます。

複数のアプリを切り替えて使うこともできます。

2章 レッスン 7

この章の進度

使いたいアプリを起動しよう

アプリは、パソコンで動く目的ごとのソフトのことです。
ここでは、天気アプリを起動してみましょう。

ここでの操作

左クリック 24ページ

ホイールを回す 25ページ

キー入力 60ページ

1 スタートメニューを表示します

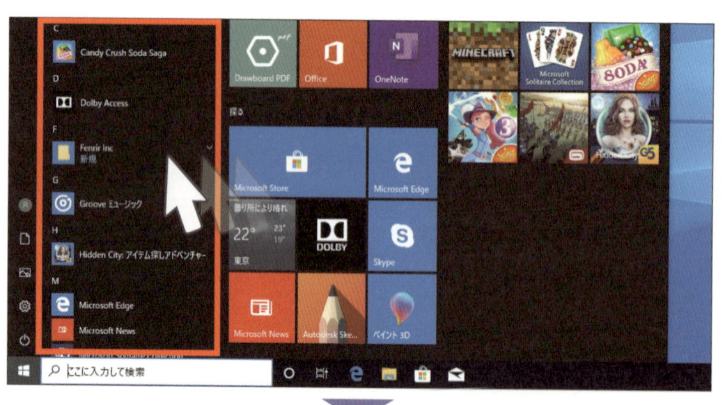

スタートメニューを表示（30 ページ）し、アプリ一覧の上に ポインターを移動します。

ホイールを回して、

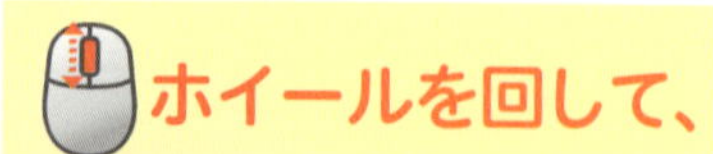

を探します。
見つけたら、左クリックします。

② 地域を設定します

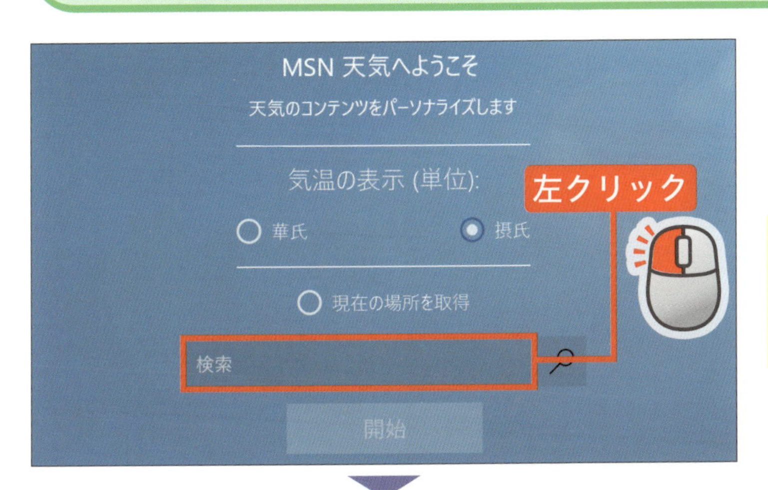

天気アプリの
最初の画面が
表示されます。

検索 を
左クリックします。

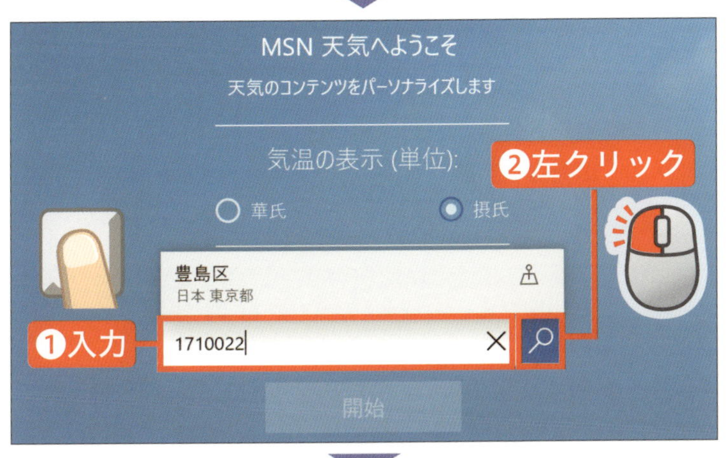

自宅の郵便番号を
入力して、🔍を
左クリックします。
これで地域が
入力されます。

を
左クリックします。

次のページへ

③ 天気アプリのウィンドウが開きました

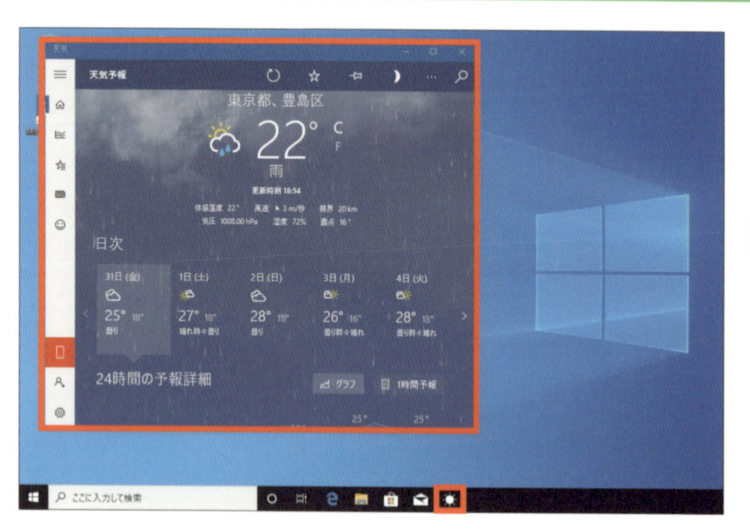

デスクトップに
天気アプリの
ウィンドウが開きます。

アドバイス

タスクバーにも、
天気アプリのボタン
が表示されます。

起動したアプリの種類によって、
表示されるウィンドウの見た目
は異なります！

ヒント Microsoft ニュースの画面が表示されたときは

天気アプリを何度か開いていると、下のような Microsoft ニュースの画面が表示されることがあります。

閉じるにはウィンドウの一番右上の ✕ ではなく、画面内の ✕ を 左クリックしてください。これで、天気アプリを起動したときに「Microsoft ニュース」は表示されなくなります。

左クリック

2章 デスクトップを操作してみよう

ウィンドウの画面構成

1 タイトルバー

ウィンドウの一番上の部分です。
アプリ名／ファイル名が表示されます。

2 最小化ボタン

ウィンドウをタスクバーにしまいます。
タスクバーのアプリのボタンを左クリックすると、元に戻ります。

3 最大化ボタン

ウィンドウを画面いっぱいに表示します。
最大化すると 元に戻す（縮小）ボタンに変わり、これを左クリックすると元に戻ります。

4 閉じるボタン

開いているアプリを終了し、ウィンドウを閉じます。

5 スクロールバー

ウィンドウの内容が下にも続くときに現れます。マウスのホイールを回してスクロールすると、下側の内容を確認できます。

終わり

ウィンドウの大きさを自由に変えよう

ウィンドウは、好きな大きさに変えられます。大きくしたり、いくつかの画面を表示するとき、重ならないようにしたりできます。

ここでの操作

ポインターの移動 24ページ

左クリック 24ページ

ドラッグ 27ページ

1 ウィンドウの隅にポインターを移動します

45ページから続けて操作します。

天気アプリが表示されています。

ポインターを、ウィンドウ右下の隅に移動します。

2 ウィンドウの大きさを変更します

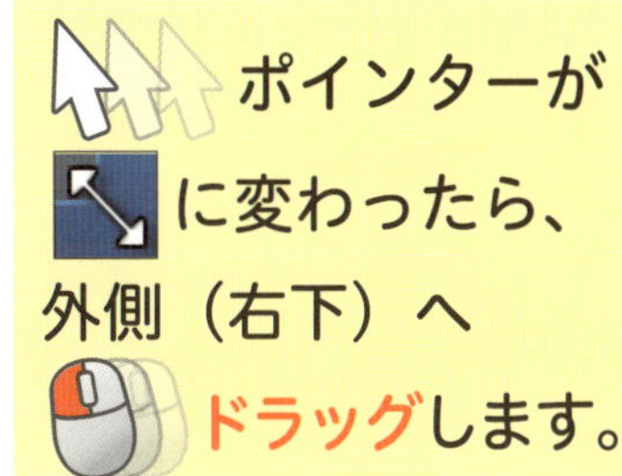

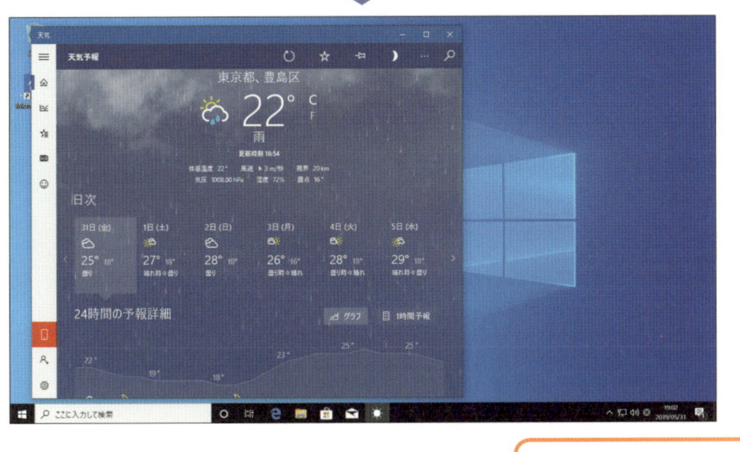

ウィンドウが
大きく表示されます。

アプリによっては、画面を大きくすると、見た目が変わることがあります。

ヒント ウィンドウの大きさの変更について

この例では、ウィンドウの右下の隅から大きさを変更しました。
実は、ウィンドウの大きさは、ウィンドウの左上、右上、左下、右下のどこからでも変更できます。四隅のいずれかにポインターを移動して、試してみましょう。
また、ポインターをウィンドウの内側にドラッグすると、ウィンドウを小さくすることができます。

2章

レッスン 9

この章の進度

ウィンドウを画面いっぱいに表示しよう

今度は、ウィンドウを画面いっぱいに表示してみましょう。
最大化ボタンで、すぐに大きくすることができます。

ここでの操作

ポインターの移動

24ページ

左クリック

24ページ

1 ウィンドウを最大化します

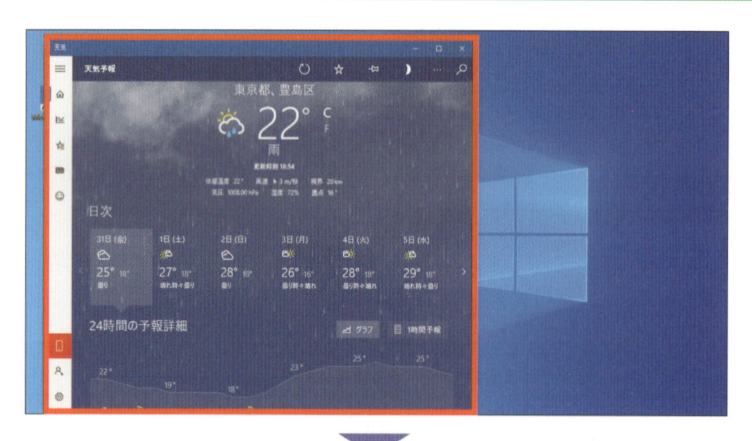

47 ページから続けて操作します。

天気アプリが表示されています。

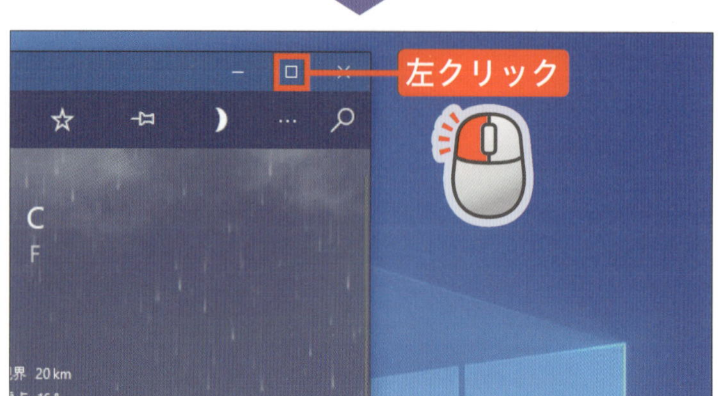

最大化ボタンに ポインターを移動し、

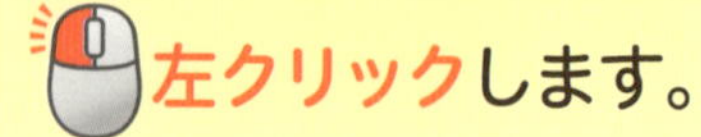

左クリックします。

2 ウィンドウが最大化しました

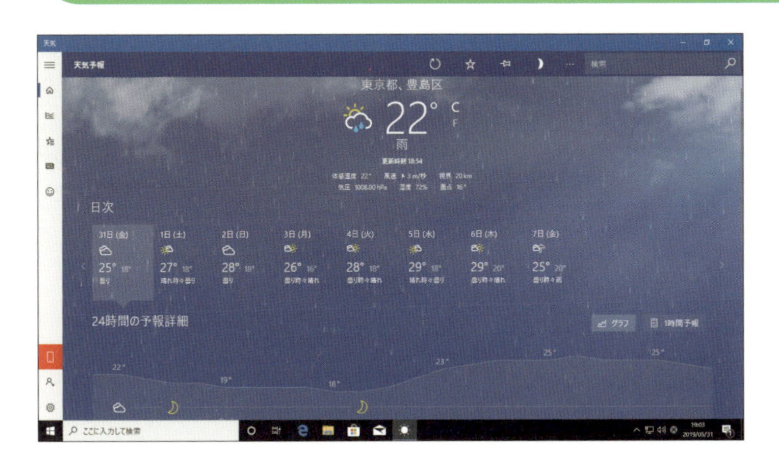

パソコンの
画面いっぱいに、
ウィンドウが
表示されます。

3 ウィンドウの大きさを戻します

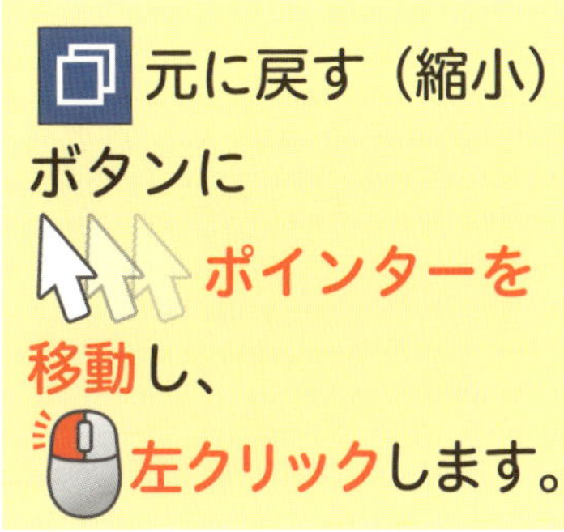

元に戻す（縮小）
ボタンに
ポインターを移動し、
左クリックします。

ウィンドウが
元の大きさに
戻りました。

この章の進度

ウィンドウを好きな位置に動かそう

今度は、ウィンドウを好きな位置に移動してみましょう。
自分の見やすい位置に動かすことができます。

ここでの操作

ポインターの移動
24ページ

ドラッグ
27ページ

1 タイトルバーをドラッグします

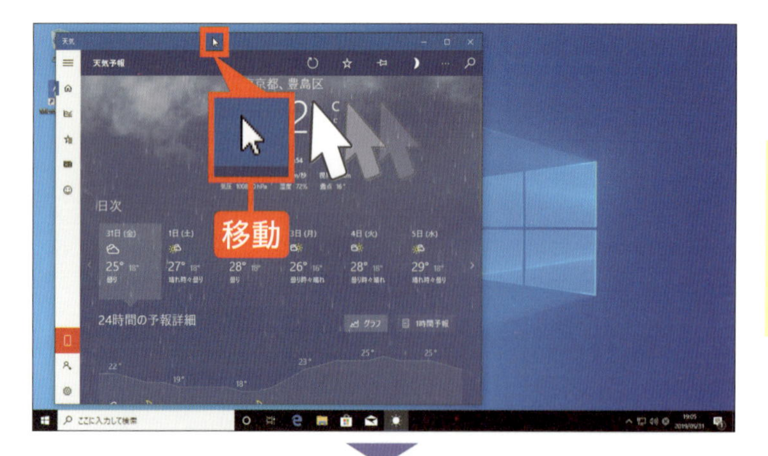

49ページから続けて操作します。

ポインターをタイトルバーに移動します。

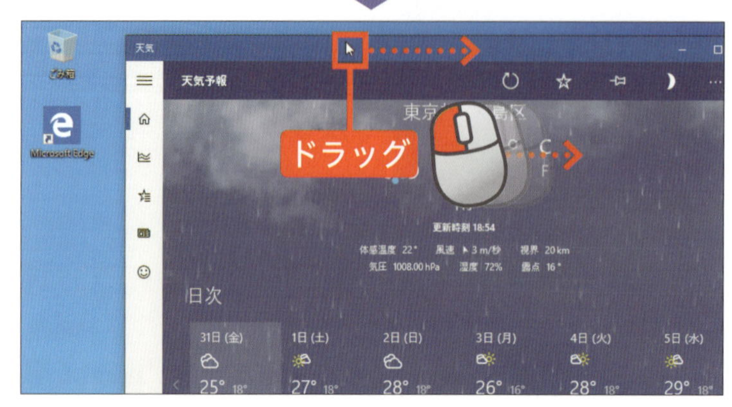

タイトルバーをドラッグして、ウィンドウを動かします。

② ウィンドウが移動しました

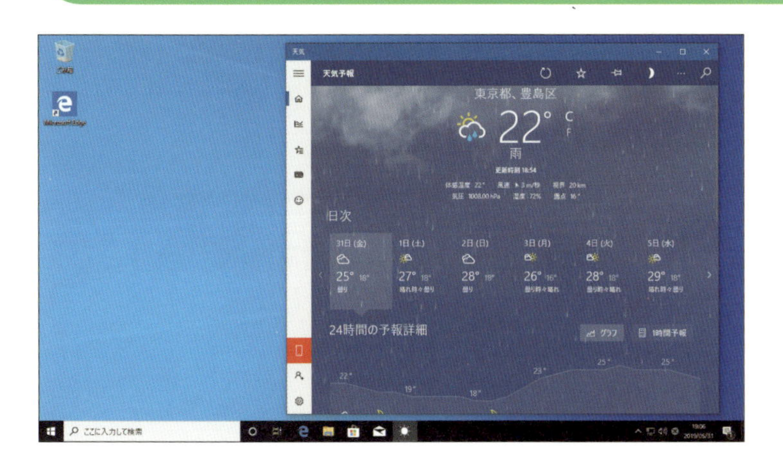

マウスの左ボタンから
指を離すと、
ドラッグした場所に、
ウィンドウが
移動します。

ヒント ウィンドウを画面の端に動かすと大きさが変わる

ウィンドウを画面の端まで移動すると、ウィンドウの大きさが自動で変わることがあります。
これは、パソコンに備わっている自動調整機能ですので、安心してください。
ウィンドウを元の大きさに戻したいときは、タイトルバーをドラッグして移動しましょう。

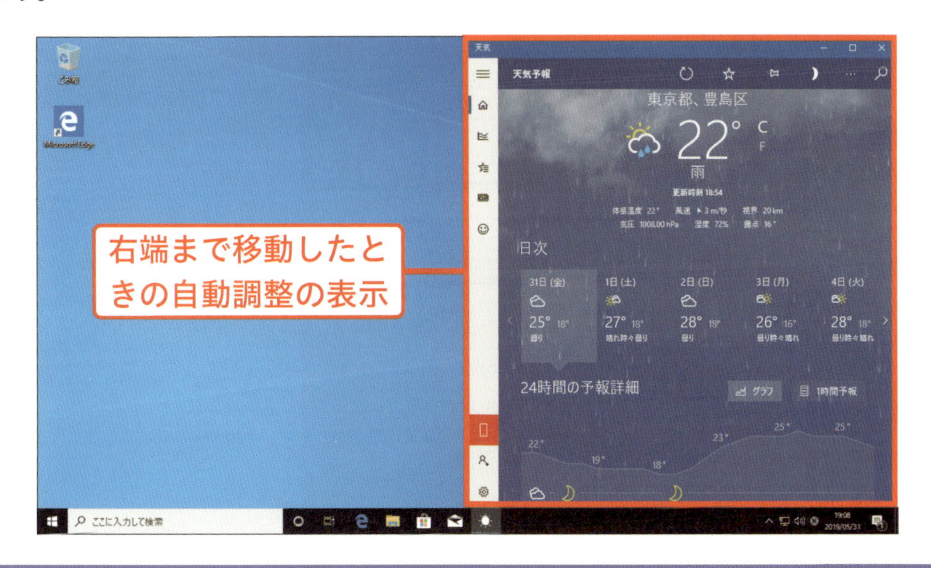

終わり

この章の進度

複数のアプリを切り替えて使おう

アプリを複数表示しているときは、アプリのウィンドウが重なってしまうこともあります。見たいウィンドウが前面になるように切り替えましょう。

ここでの操作

ポインターの移動

24ページ

左クリック

24ページ

1 複数のウィンドウを表示します

51 ページから続けて操作します。

スタートメニュー（30 ページ）から、電卓 を左クリックします。

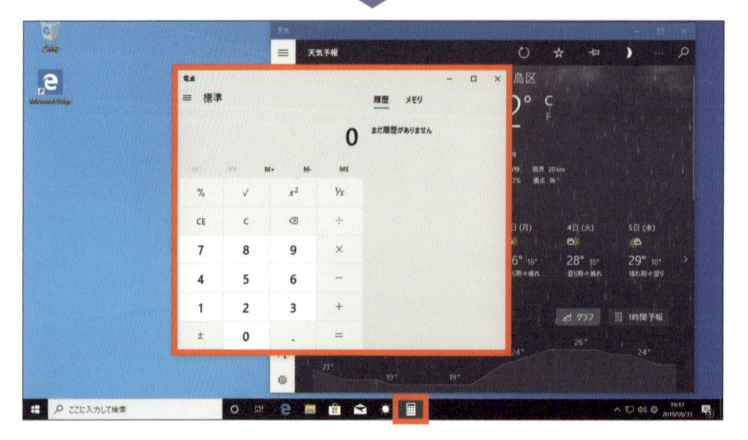

電卓アプリが起動しました。

2 ウィンドウを切り替えます

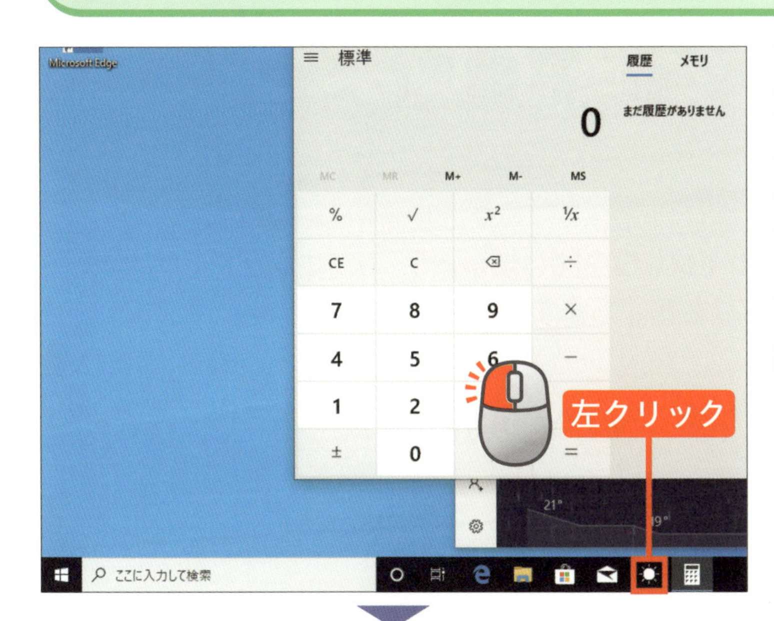

タスクバーの
天気に
ポインターを
移動して、
左クリックします。

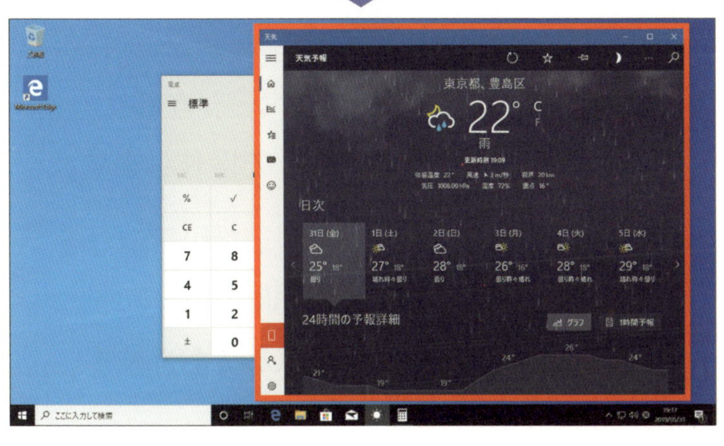

後ろにあった
天気アプリの
ウィンドウが、
前面に表示されます。

ウィンドウを複数開いているときは、操作したいアプリを前面にしましょう。背面にあると操作できません。

終わり

この章の進度

2章
レッスン
12 アプリを終了しよう

アプリを使い終わったら、**ウィンドウを閉じましょう**。
ウィンドウを閉じると、**アプリも終了**します。

ここでの操作

ポインターの移動

24ページ

左クリック

24ページ

1 天気アプリを終了します

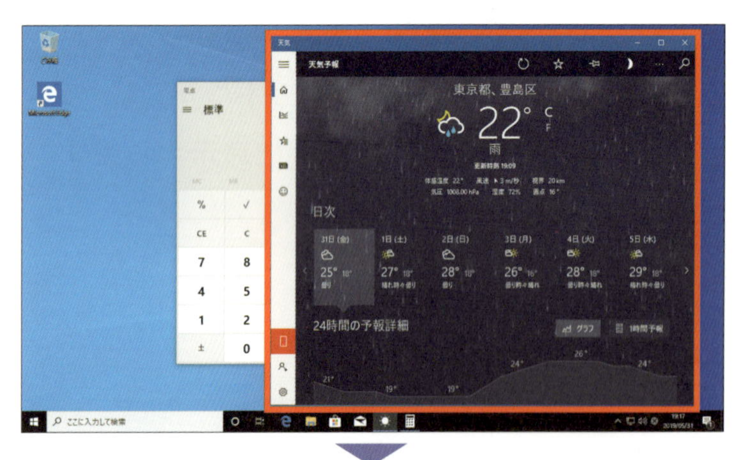

53ページから続けて操作します。

終了したいアプリを前面に表示しておきます。

閉じるボタンに**ポインターを移動**して、**左クリック**します。

2 天気アプリが終了しました

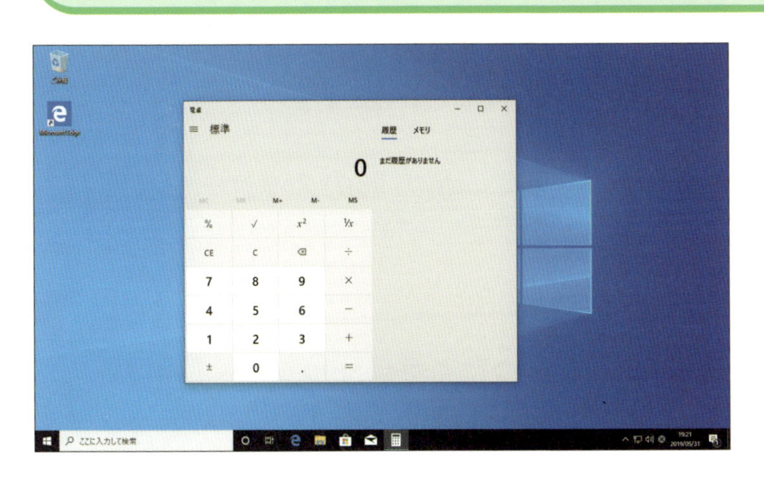

天気アプリが
終了します。

3 電卓アプリを終了します

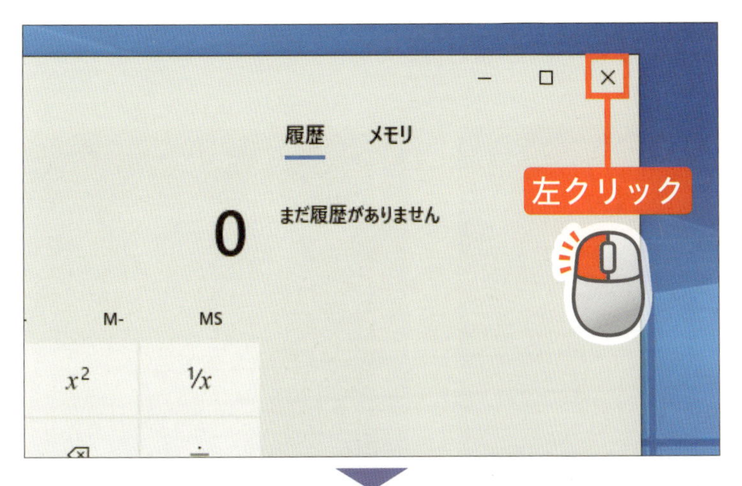

電卓アプリの
閉じるボタンを
左クリックします。

電卓アプリが
終了しました。

終わり

ステップアップ

Q 画面の右下にメッセージが表示された！

A パソコンからのお知らせが表示されています。

パソコンを使っているとき、画面の右下に、長方形のメッセージが現れることがあります。

これは、パソコンからのお知らせです。

メールが届いたときや、設定の変更があったときに知らせてくれます。

その表示を左クリックすると、関連するアプリを開くことができます。

なお、一定時間が過ぎると表示は消えてしまいます。

もう一度確認したいときは、デスクトップ画面の右下の通知領域にあるかを左クリックしましょう。

メッセージの一覧を確認できます。

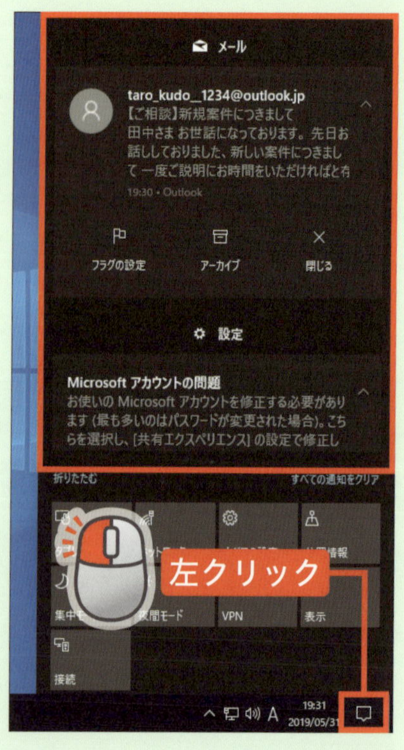

3章

文字を入力しよう

この章のレッスン

レッスンをはじめる前に

文字の入力にはキーボードを使います

パソコンで文字を入力するには「**キーボード**」を使います。
たくさんのキーがありますが、すべてを覚える必要はないので安心してください。まずはキーボードに慣れることからはじめましょう。

キーボードは、ノートパソコンでは本体と一体化しています。デスクトップパソコンでは、本体に取り付けて使います。

日本語は入力した文字を変換して確定します

日本語を入力するときには、まずひらがなで入力していき、漢字やカタカナはひらがなから変換します。変換したら最後に確定します。

入力した文書は保存しておきます

入力が終わった文書は、パソコン内に保存しましょう。これで、パソコンを終了しても消えることなく、次回も同じ文書を呼び出して続きから文書を作成できます。

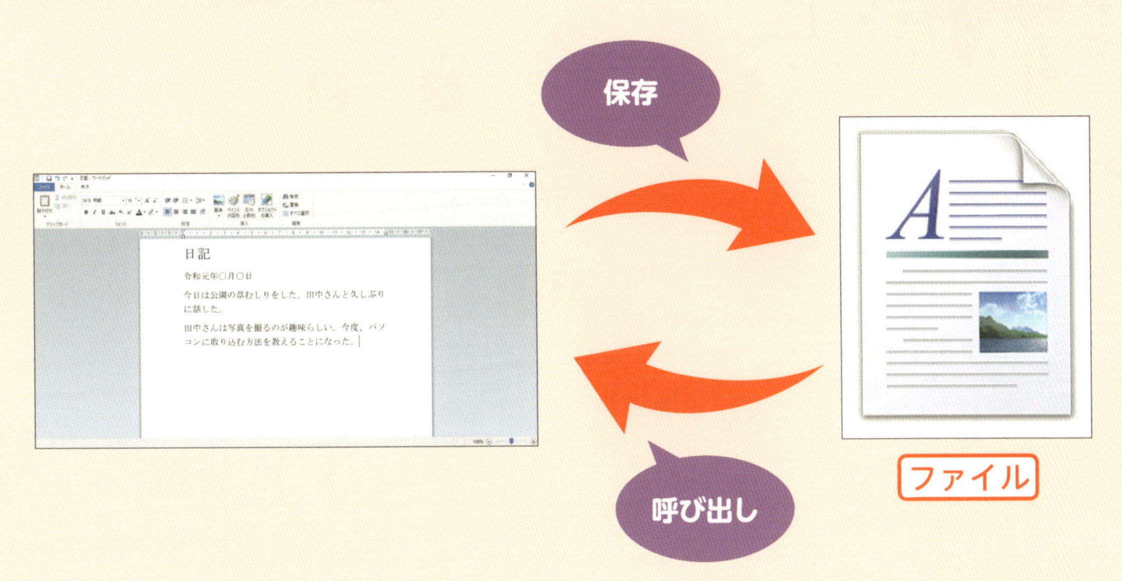

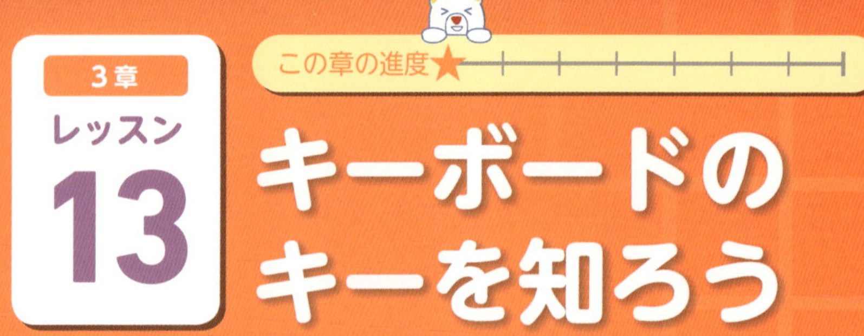

キーボードのキーを知ろう

文字を入力するときは、**キーボード**を使います。
デスクトップパソコンもノートパソコンも、主なキーの並びは同じです。

キーの並び

デスクトップパソコン

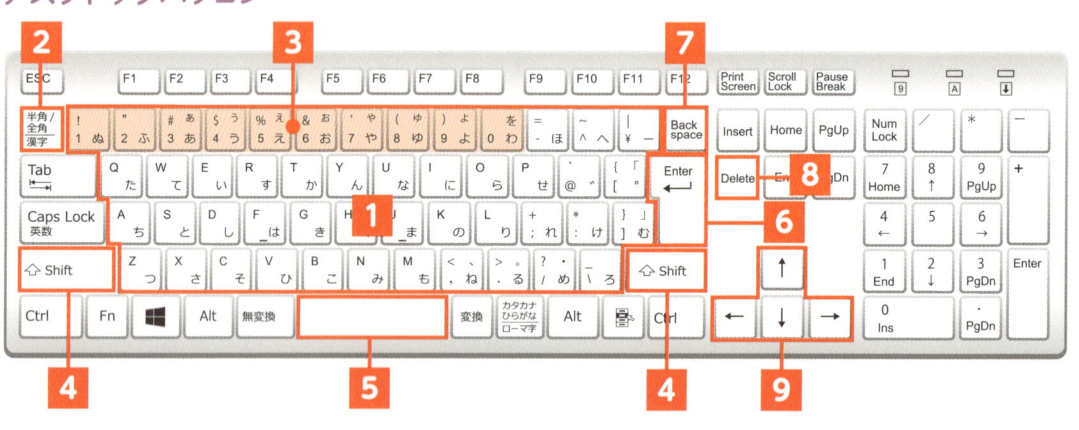

ノートパソコン

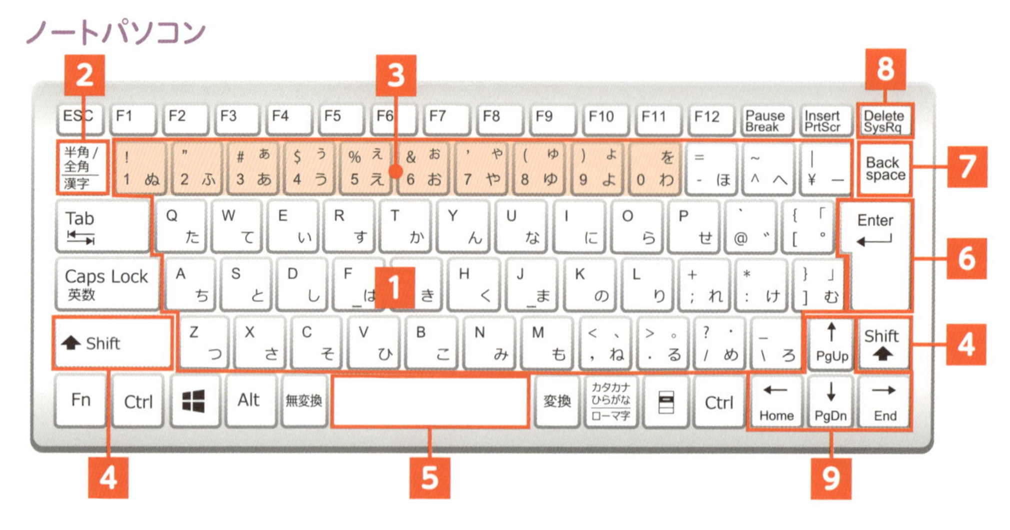

各部の名称

1 文字キー

文字を入力するキーです。

2 半角／全角キー

日本語入力モードと英語入力モードを切り替えます（62 ページ）。

3 数字キー

数字はここから入力できます。日本語入力モードでは全角の数字、英語入力モードでは半角（全角の半分のサイズ）の数字が入力できます。

4 シフトキー

文字キーの左上に描かれた文字を入力するときに使います。

5 スペースキー

空白を入れたり、ひらがなを漢字に変換したりするのに使います。

6 エンターキー

変換した文字を確定したり、改行したりするのに使います。

7 バックスペースキー

カーソルより左側の文字を消します。

8 デリートキー

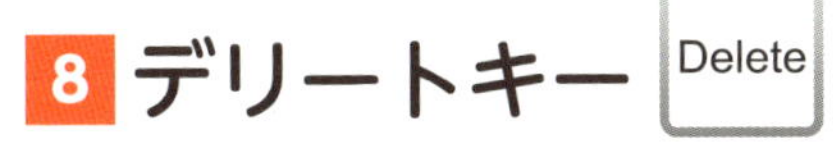

カーソルより右側の文字を消します。

9 方向キー

カーソルを移動するのに使います。

文字キーでは、１つのキーに、いくつかの文字が割り当てられています。
シフトキーと一緒に押すと、別の文字を入力できます（69 ページ）。

この章の進度

3章
レッスン
14

入力モードについて知ろう

日本語を入力したいときには、入力モードを切り替える必要があります。
ローマ字入力とかな入力についても知っておきましょう。

入力モードについて

入力モードは、デスクトップ画面の右下の通知領域を見ればわかります。

A と表示されているときは、英語入力モードです。

これで文字キーを押すと、アルファベットが入力されます。

あ と表示されているときは、日本語入力モードです。

これで文字キーを押すと、ひらがなが入力されます。

入力モードの切り替えは、半角/全角で行います。

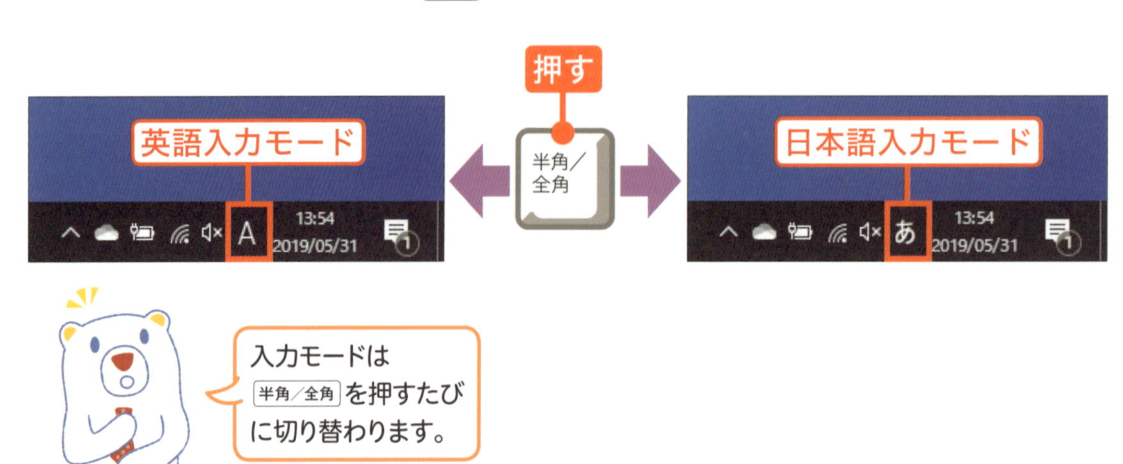

ローマ字入力とかな入力について

ローマ字入力

        かんたん

アルファベットのローマ字を組み合わせて日本語を入力する方法を、ローマ字入力といいます。キーの左上に描かれたアルファベットを使って入力します。

かな入力

     かんたん

キーボードの右下に描かれたひらがなを使って日本語を入力する方法を、かな入力といいます。

この本では、「ローマ字入力」で解説します。

ローマ字入力／かな入力の切り替え方法

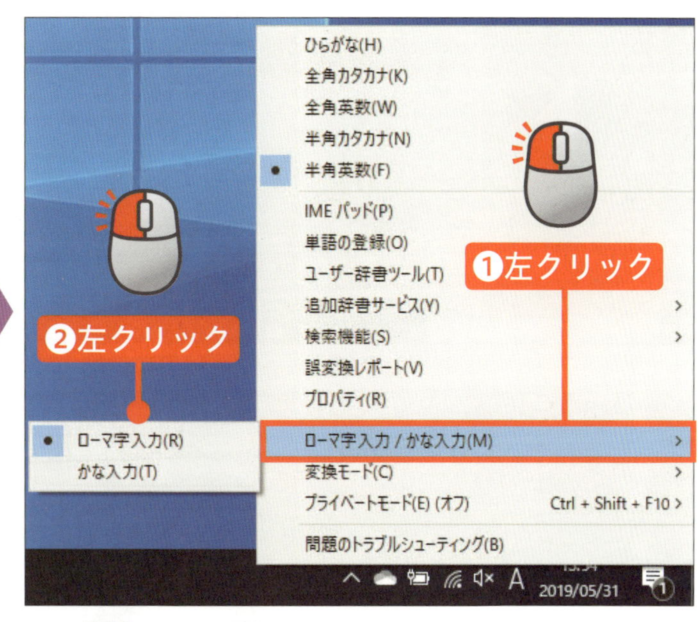

ローマ字入力／かな入力の切り替えは、A または あ から行います。
この表示を右クリックして、ローマ字入力 / かな入力(M) を左クリックします。
さらに、使用したいモードを左クリックしましょう。

3章 レッスン 15

この章の進度

ワープロアプリを起動しよう

いよいよ、文字入力の練習をします。ここでは、パソコンに最初から入っているワードパッドというアプリを使います。

ここでの操作

左クリック 24ページ

ホイールを回す 25ページ

1 スタートメニューを表示します

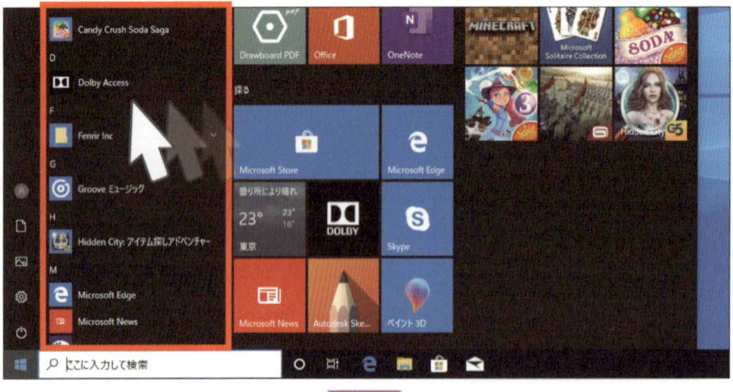

スタートメニュー（30 ページ）のアプリ一覧の上に、ポインターを移動します。

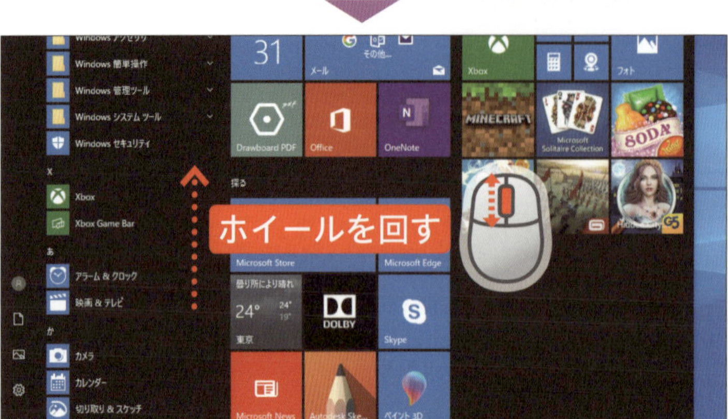

ホイールを回して、下の方を表示します。

2 ワードパッドを起動します

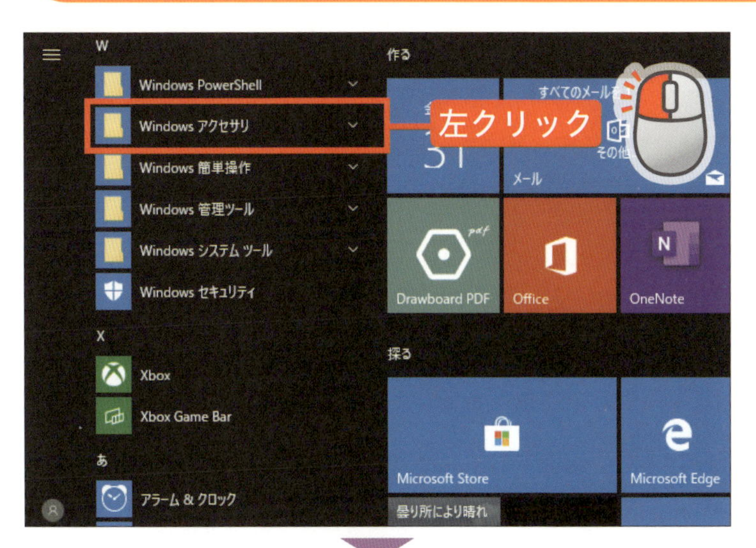

を左クリックします。

アドバイス

ワードパッドは、Windows アクセサリという入れ物に入っています。

その下に表示された ワードパッド を左クリックします。

アプリによっては、このような入れ物の中にまとめられていることもあります。

3 ワードパッドが起動しました

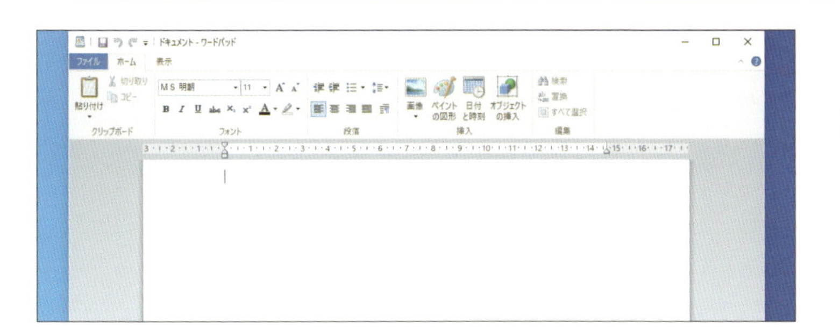

ワードパッドが起動します。

3章 レッスン 16

この章の進度

英字を入力しよう

まずは、アルファベットの文字を入力してみましょう。
入力モードを**英語入力モード**にしてから入力をはじめます。

ここでの操作

入力

60ページ

1 英語入力モードに切り替えます

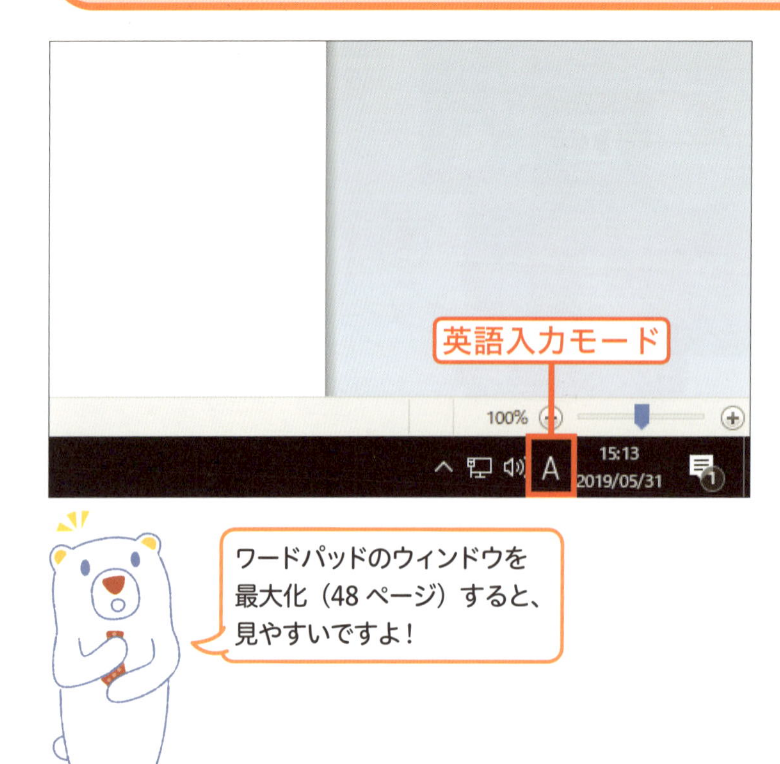

65 ページから続けて操作します。

入力モードが A 英語入力モードになっていることを確認します。

あ 日本語入力モードになっていたら、 を押して切り替えましょう。

ワードパッドのウィンドウを最大化（48 ページ）すると、見やすいですよ！

2 カーソルの位置を確認します

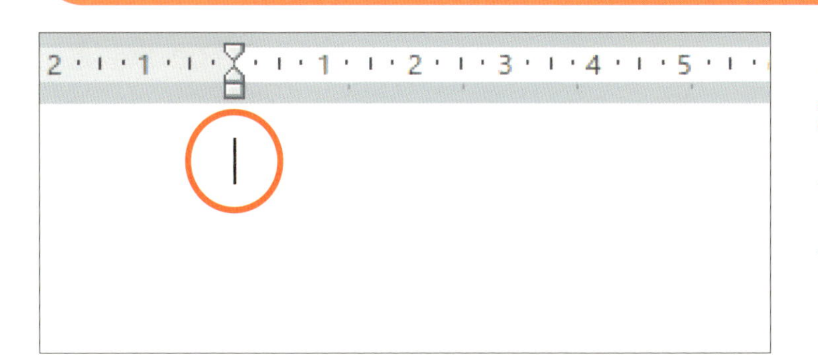

｜を、
カーソルといいます。
この場所に文字が
入力されます。

3 入力するキーを確認します

ここでは「book」と
入力してみます。
キーボードの
B O K を
探します。

4 キーを押します

B O O K
と
順番に押します。

次のページへ

5 英字が入力されました

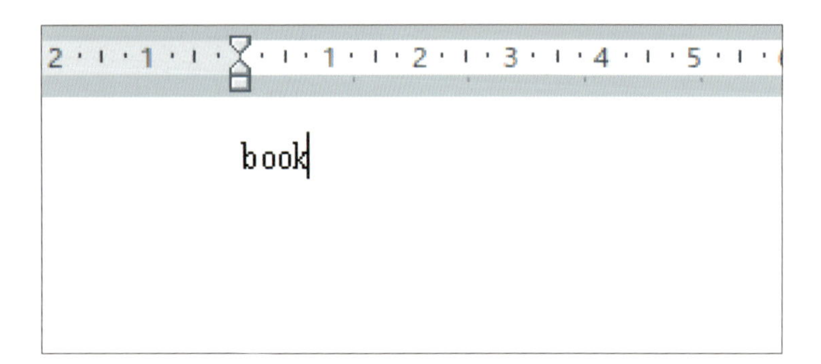

小文字で「book」と入力されました。

6 大文字を入力します

続けて、1文字だけ大文字にして「Book」と入力してみましょう。Shift を探します。

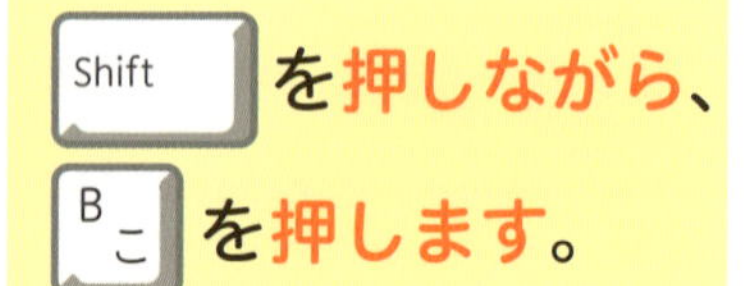

Shift を押しながら、B を押します。

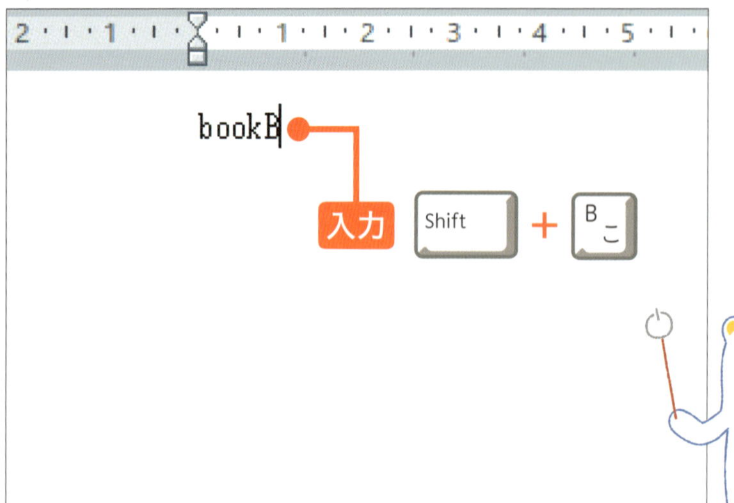

大文字の「B」が入力されました。

Shift は、2つあります。どちらを使ってもかまいません。

7 残りの小文字を入力します

残りは小文字で入力します。キーの場所を確認します。

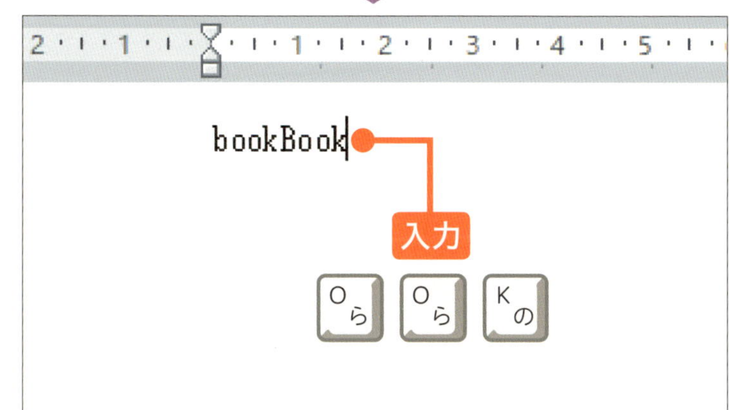

O ら O ら K の と順番に押します。

「Book」と入力されました。

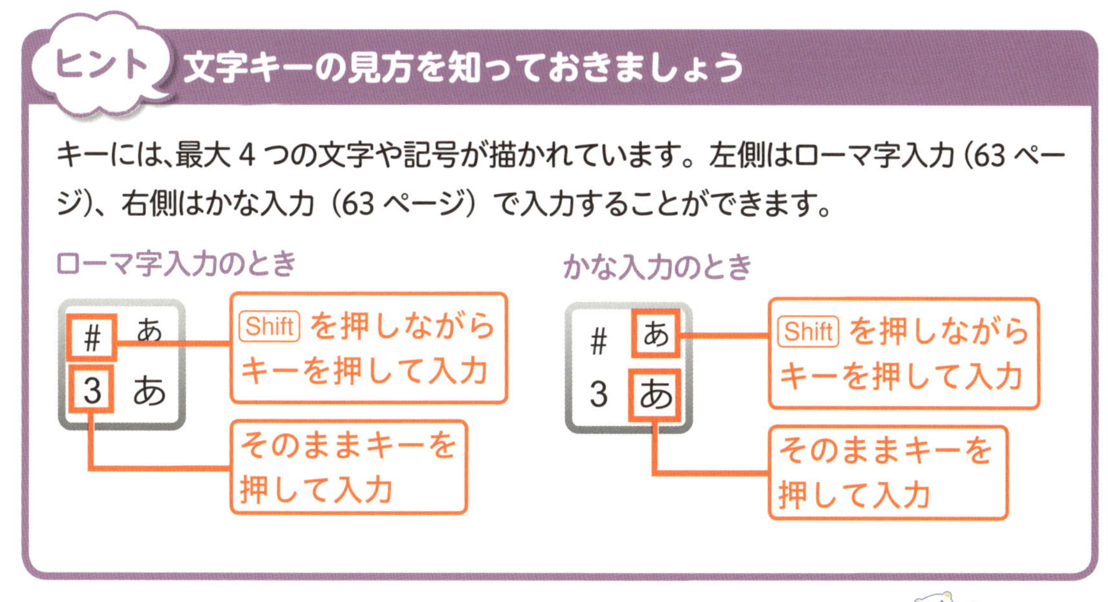

3章
レッスン
17
この章の進度

ひらがなを入力しよう

次に、ひらがなの文字を入力してみましょう。
入力モードを**日本語入力モード**に切り替えてから入力をはじめます。

入力
60ページ

① 日本語入力モードに切り替えます

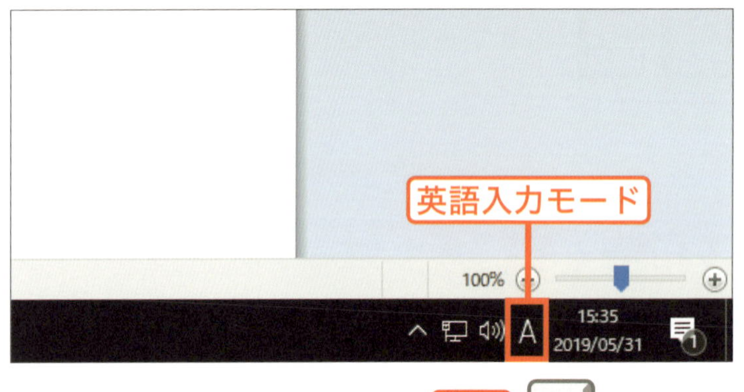

69ページから続けて操作します。
英語入力モードになっています。

を**押して**、
入力モードを
あ 日本語入力モード
に切り替えます。

2 カーソルの位置を確認します

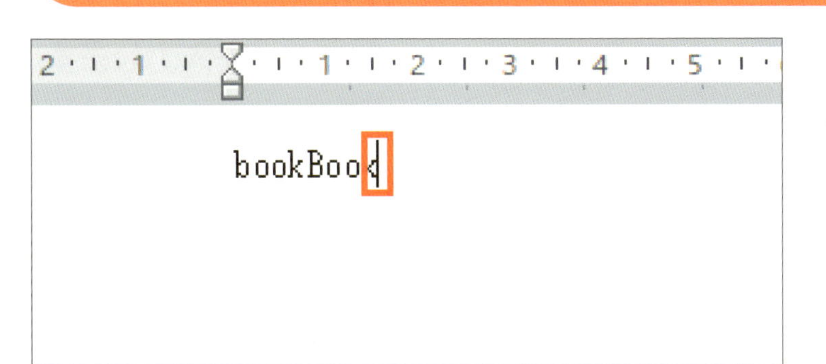

｜ カーソルの位置を確認します。

3 入力するキーを確認します

ここでは、「あめ」と入力します。

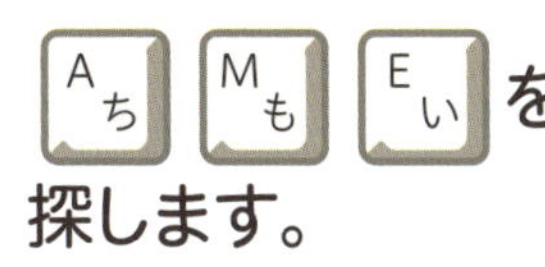

を探します。

4 1文字目を入力します

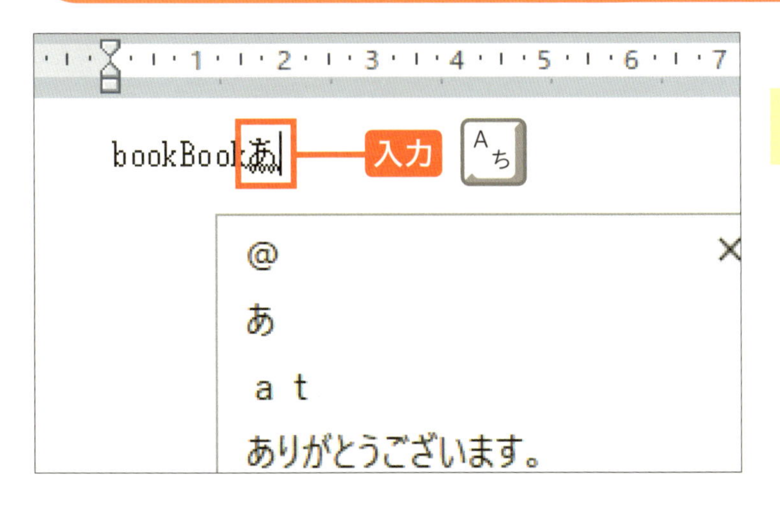

1文字目を入力します。

を押します。

「あ」が入力されました。

次のページへ

5 2文字目を入力します

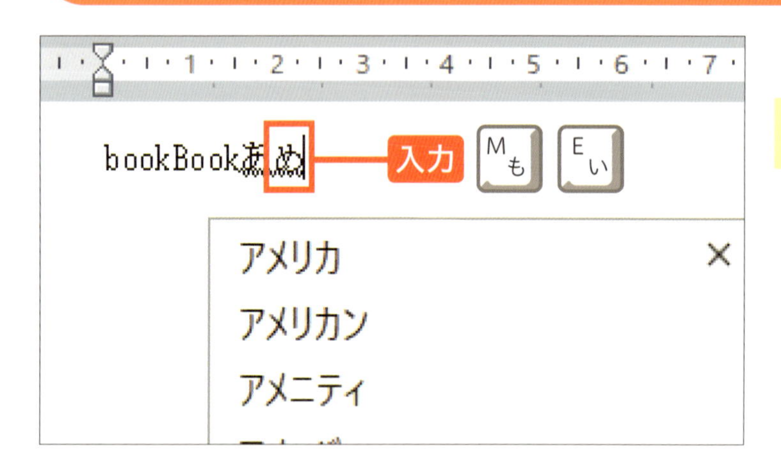

2文字目を入力します。

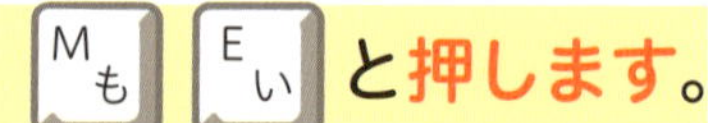

「め」が入力されました。

6 入力を確定するキーを確認します

入力を確定します。

Enter を探します。

ヒント 文字の下の波線はなに？

日本語入力モードでは、文字を入力したとき、文字の下に波線や棒線が表示されます。これは、「まだ入力が確定されていない状態」という意味です。
日本語は英字と違い、カタカナや漢字に変換する可能性があるので、文字キーを押しただけでは入力が完了しません。Enter を押すと、確定します。

bookBookあめ

未確定の状態

7 ひらがなが入力されました

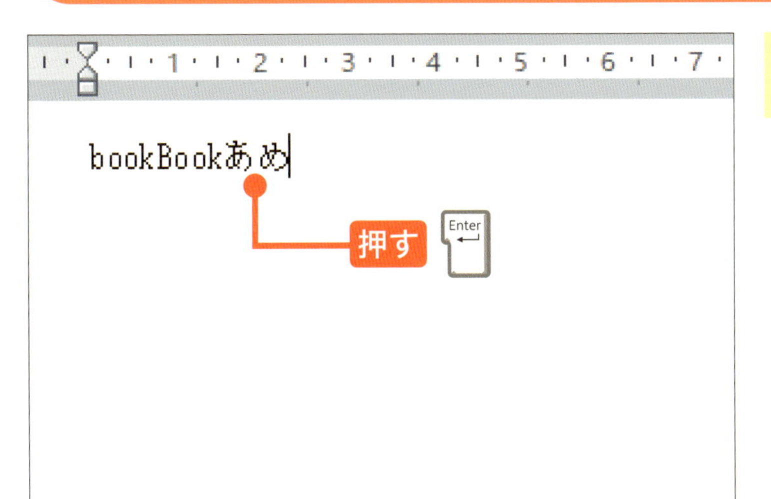

Enter を押します。

波線がなくなり、
入力が確定します。

ヒント 小さい「っ」や「ん」を入力するには？

ひらがなで小文字の「っ」を入力するには、L または X のキーを使います。「っ」を入力する場合、L T U または X T U と押すと、入力できます。なお、「こっとん」のような単語は、K O T T O N N のように、前の文字の子音キーを2回押すことでも入力できます。「ん」を入力したいときは N を2回押しましょう。

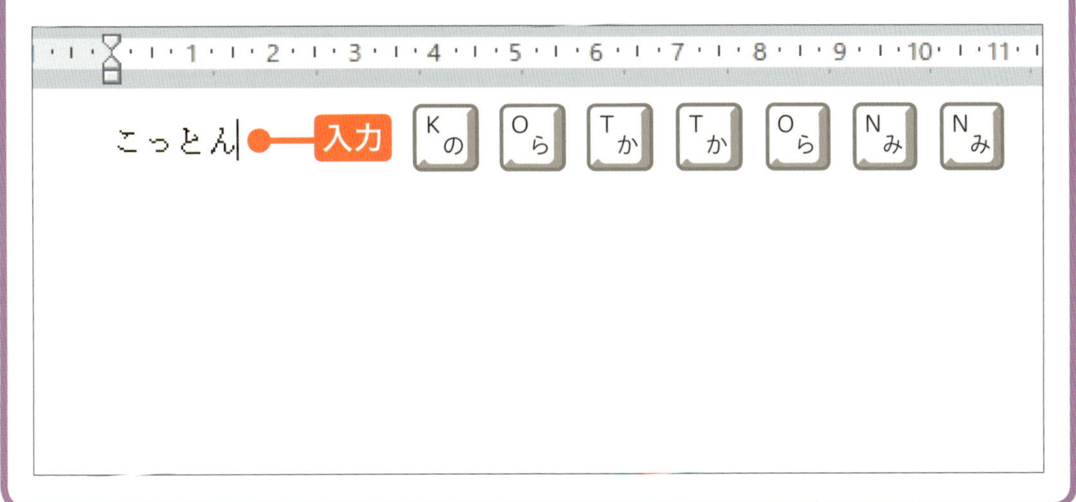

この章の進度

3章
レッスン
18 漢字を入力しよう

次に、漢字を入力してみましょう。
 スペースキーを使って、ひらがなから簡単に変換できます。

ここでの操作

入力
60ページ

1 入力モードを確認します

73 ページから続けて操作します。入力モードが あ 日本語入力モードになっていることを確認します。
A 英語入力モードになっていたら、 を押して切り替えましょう。

まずはひらがなで入力してから、漢字に変換します。

2 カーソルの位置を確認します

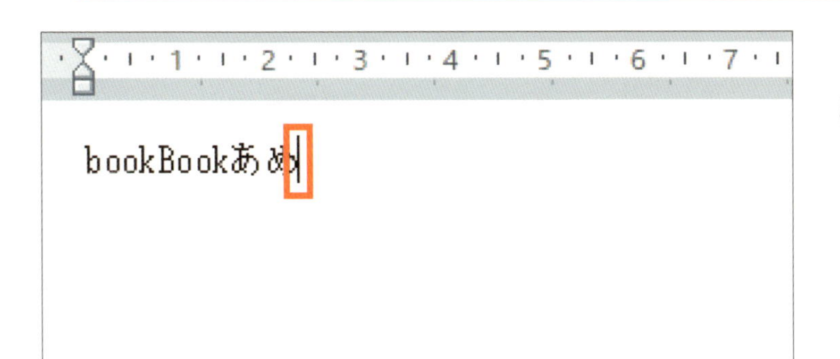

| カーソルの位置を確認します。

3 入力するキーを確認します

ここでは、「飴」と入力してみます。

を探します。

4 ひらがなを入力します

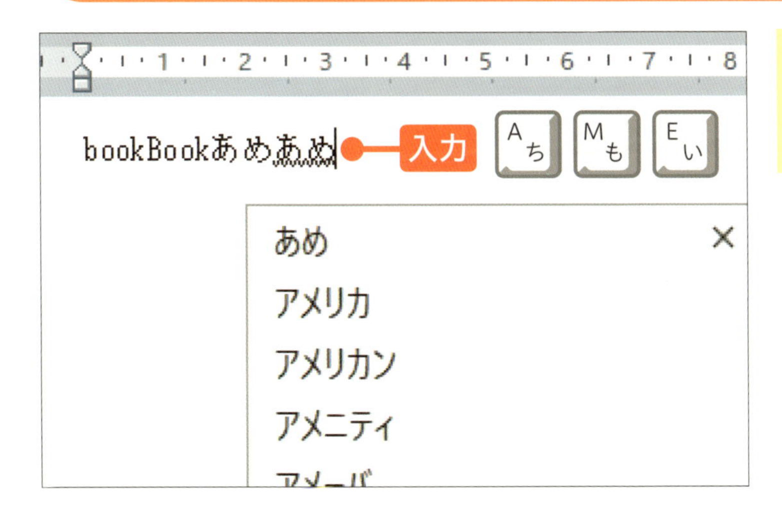

A ち M も E い と順番に**押します**。

「あめ」と入力されました。

次のページへ

5 漢字に変換します

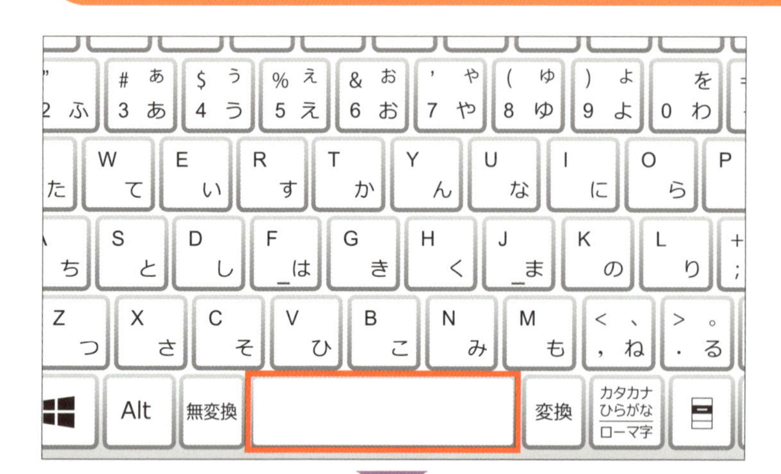

漢字に変換します。

を探します。

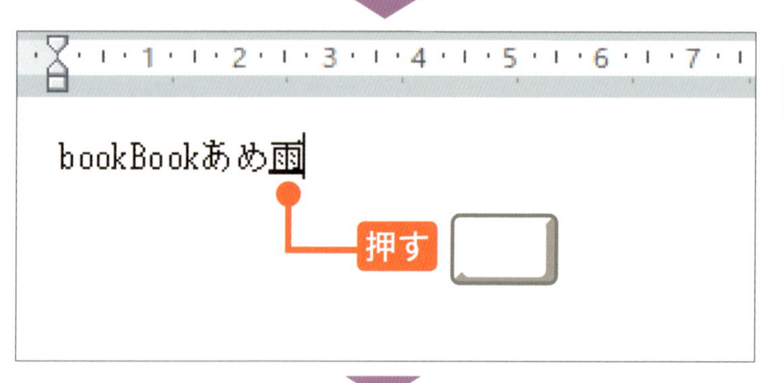

を押します。

漢字に変換されました。

bookBookあめ飴 押す

1	雨
2	飴
3	あめ
4	編め
5	天
6	☔ [環境依存]
7	アメ

別の漢字に変換するときは、さらに

を押し、漢字を変換します。

アドバイス

目的の漢字に変換されていないときには、を何度か押して、目的の漢字にしましょう。

6 漢字に変換されました

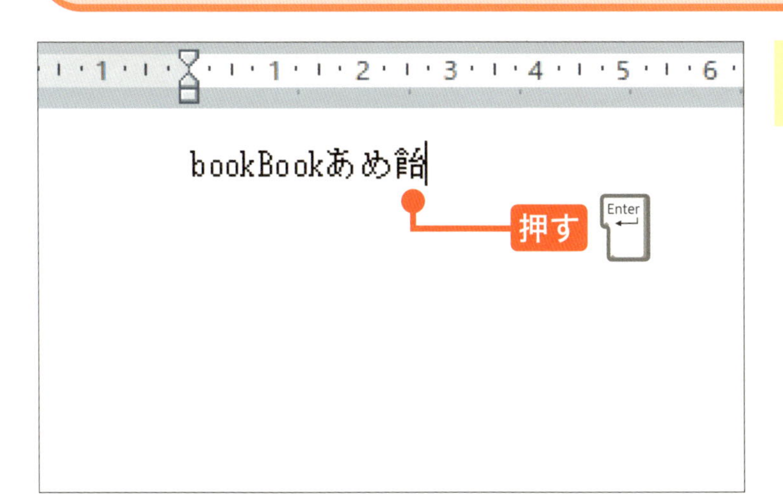

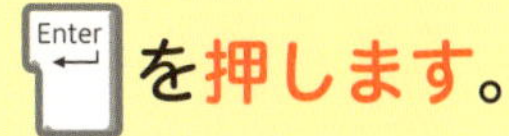

を押します。

棒線がなくなり、入力が確定します。

ヒント 予測候補で文章をらくらく入力

パソコンの文字入力では、入力される単語や文章を予測して、一覧表示してくれる機能があります。

文字入力をはじめると、文字の下に予測候補の一覧が表示されるので、↑ ↓ のキーを押して選び、Enter を押して確定します。

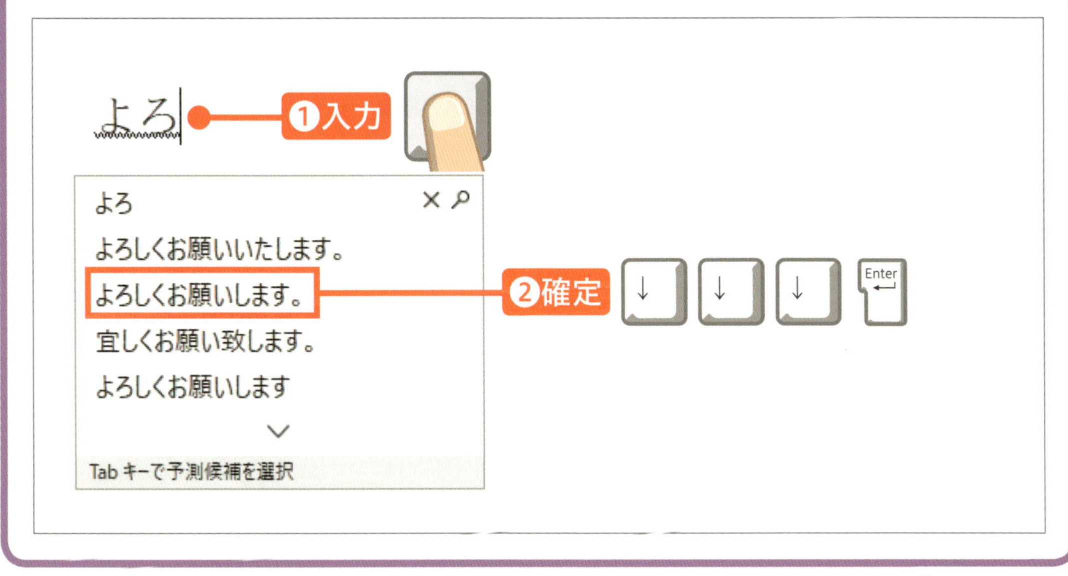

3章

レッスン

19

カタカナを入力しよう

この章の進度

次に、カタカナを入力してみましょう。
漢字と同様、 スペースキーを使ってひらがなから変換できます。

ここでの操作

入力

60ページ

1 入力モードを確認します

77 ページから
続けて操作します。

あ 日本語入力モードになっていることを確認します。

2 入力するキーを確認します

ここでは、「アメ」と入力してみます。

キーボードの A M E を探します。

3 ひらがなを入力します

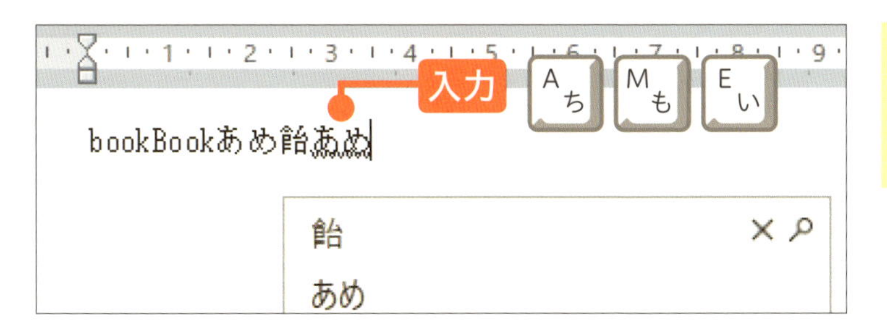

と順番に**押します**。

「あめ」と入力されました。

4 カタカナに変換します

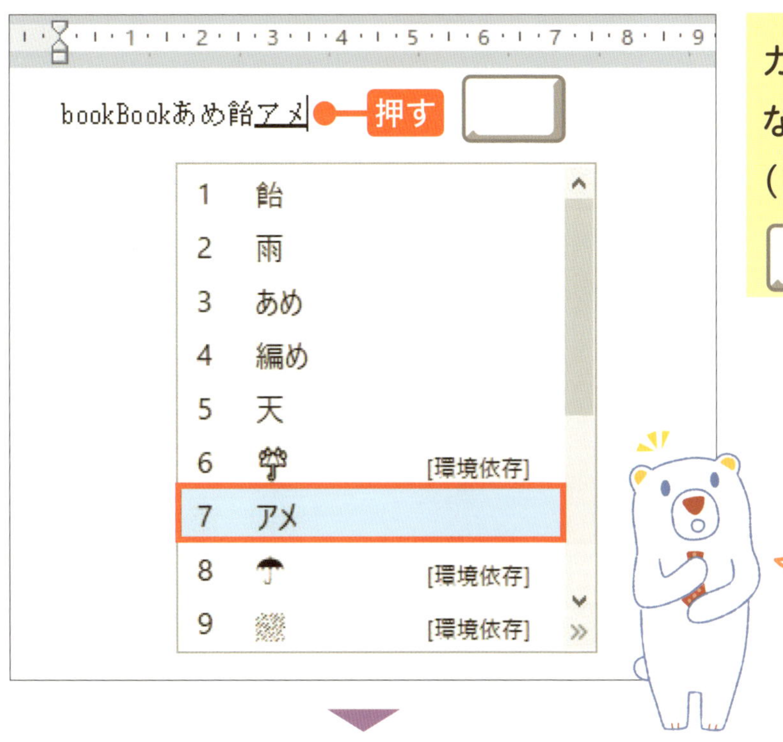

カタカナ表示になるまで（ここでは7回）を**押します**。

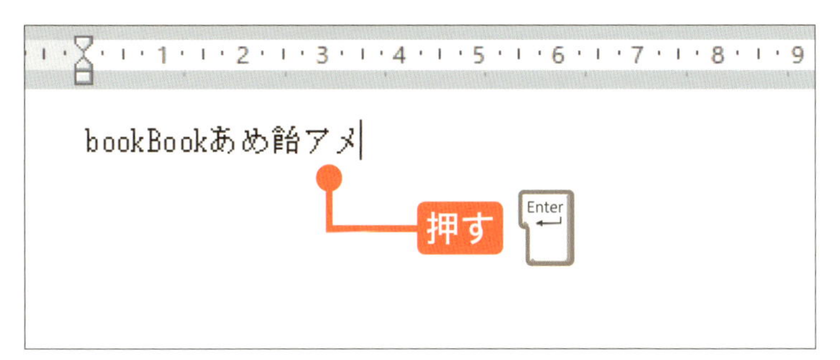

Enter を**押します**。

棒線がなくなり、入力が確定します。

3章 レッスン 20

この章の進度

文書を保存して終了しよう

最後に、ワードパッドで入力した内容をパソコンに保存しましょう。
これで入力した内容を残しておくことができます。

ここでの操作

左クリック
24ページ

入力
60ページ

1 保存方法を選択します

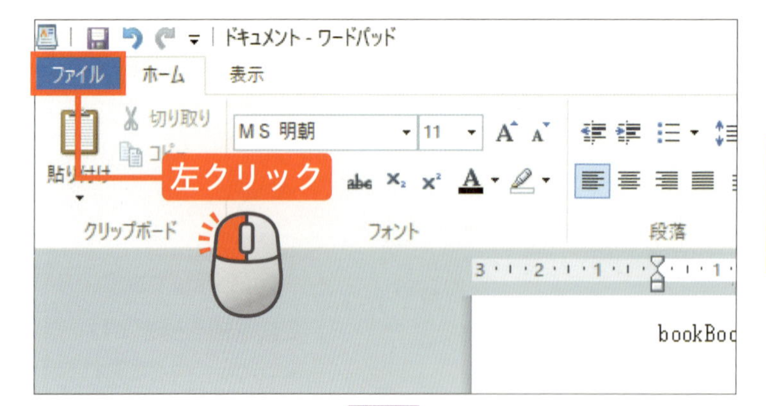

79 ページから
続けて操作します。

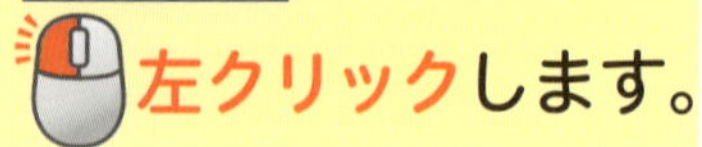

を
左クリックします。

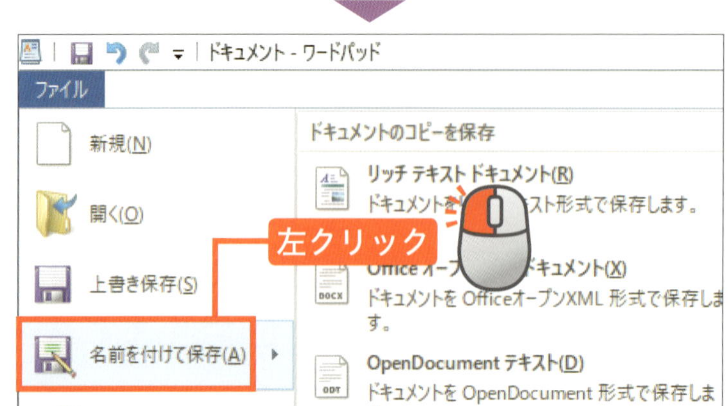

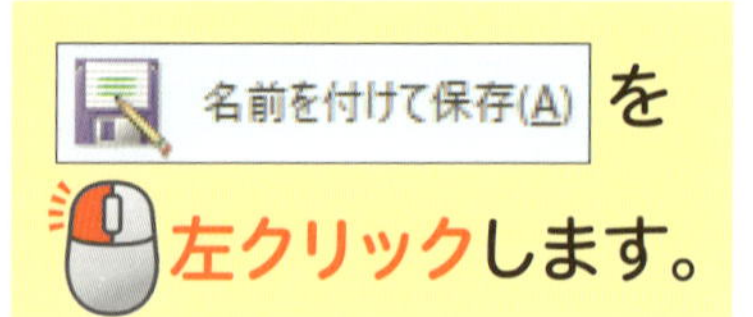

を
左クリックします。

2 新しいウィンドウが開きます

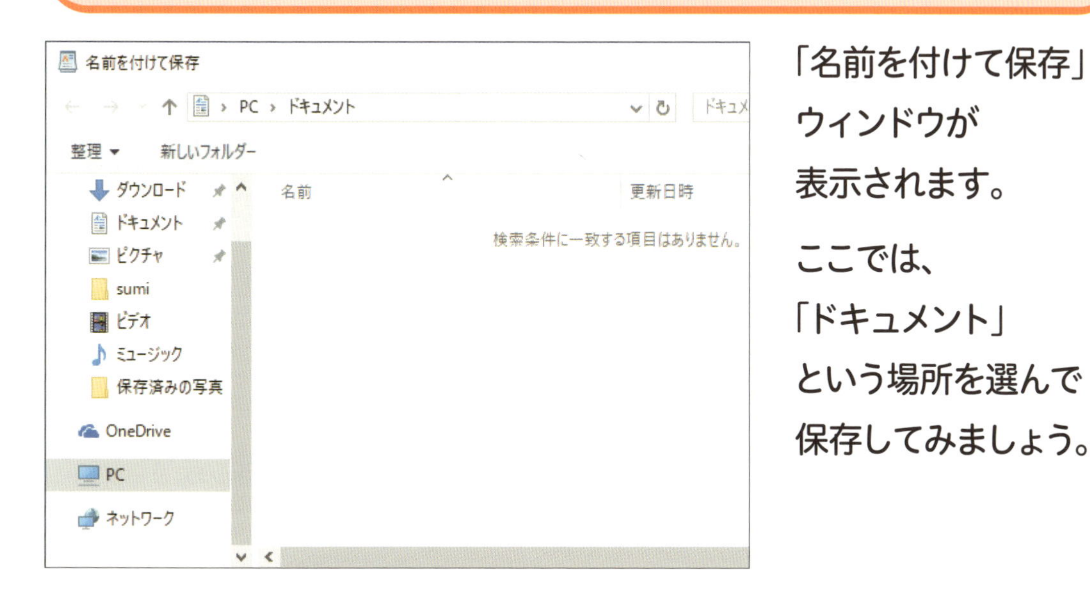

「名前を付けて保存」ウィンドウが表示されます。

ここでは、「ドキュメント」という場所を選んで保存してみましょう。

3 保存場所を選択します

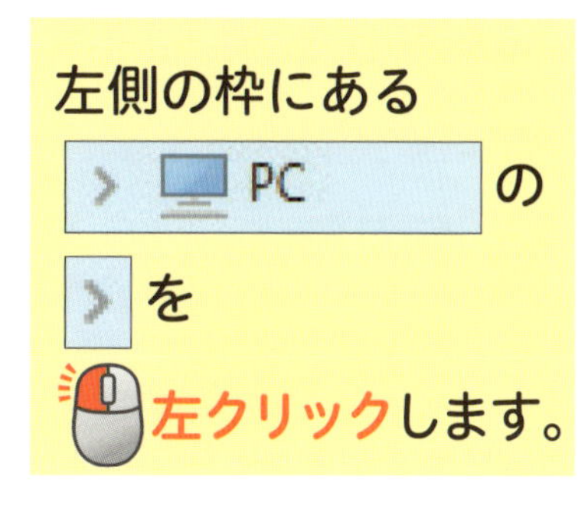

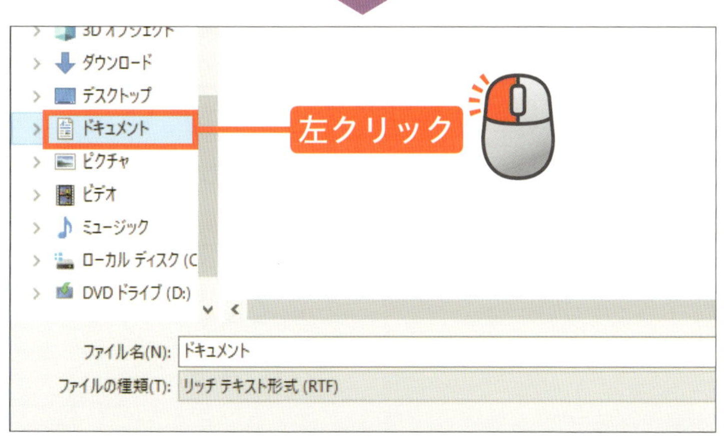

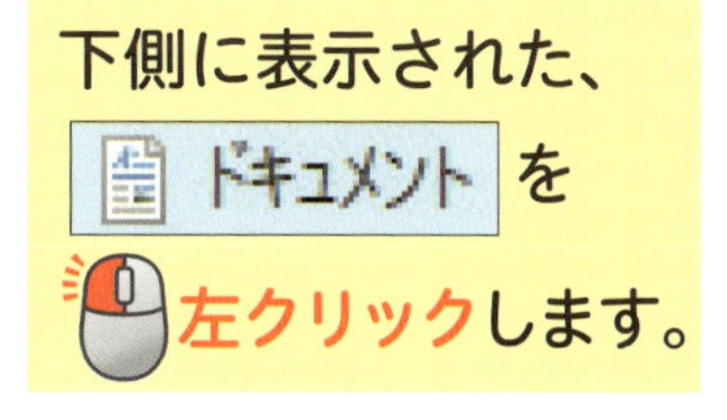

次のページへ

4 仮のファイル名を消します

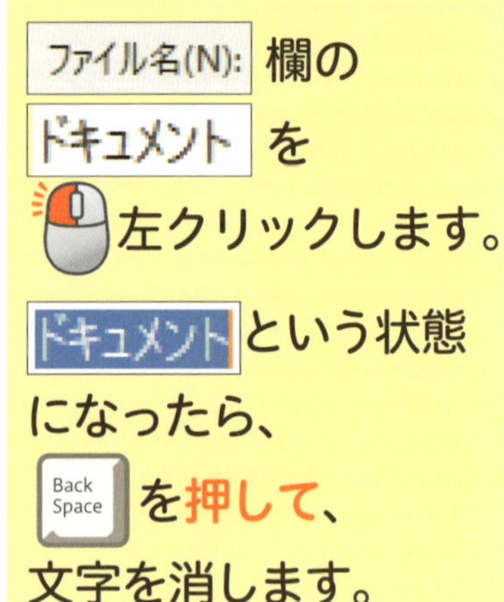

ファイル名(N): 欄の ドキュメント を 左クリックします。

ドキュメント という状態になったら、 Back Space を押して、文字を消します。

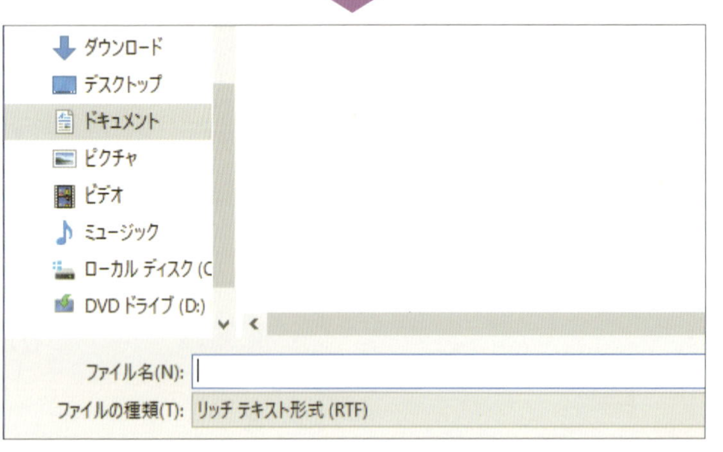

文字が消えました。

アドバイス

うまく選択できなかったときは、「ト」の右横を左クリックしてカーソルを移動し、BackSpace で 1 文字ずつ消します。

5 ファイルに新しい名前をつけます

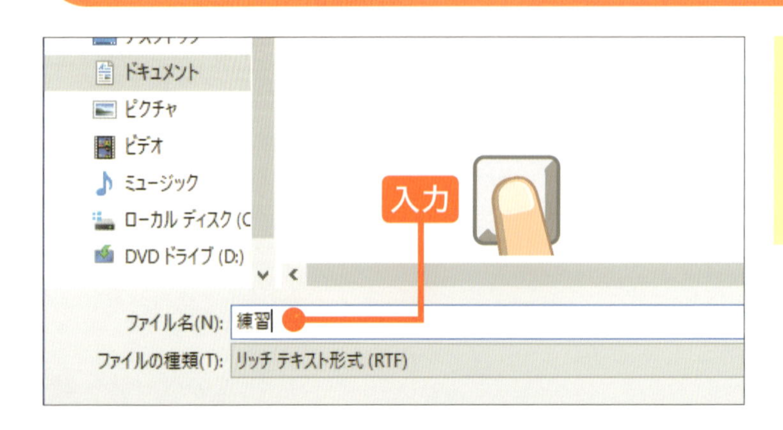

キーボードで、ファイル名を 入力します。

ここでは、「練習」と入力します。

6 ファイルを保存します

保存(S) を左クリックします。

7 ワードパッドを終了します

「ドキュメント」という場所に保存されました。

ワードパッドに戻ります。

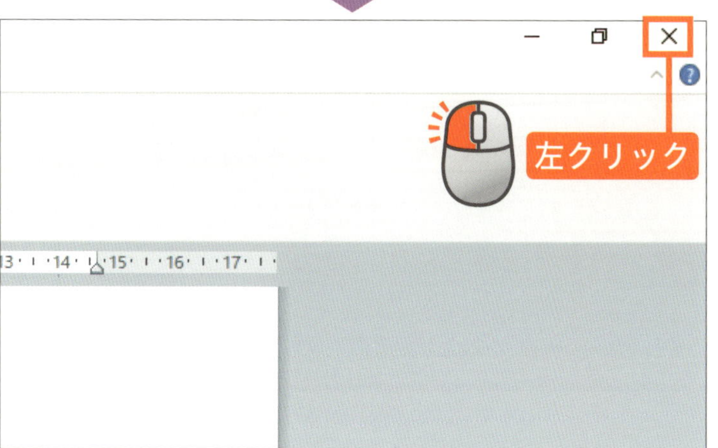

ワードパッドを終了します。

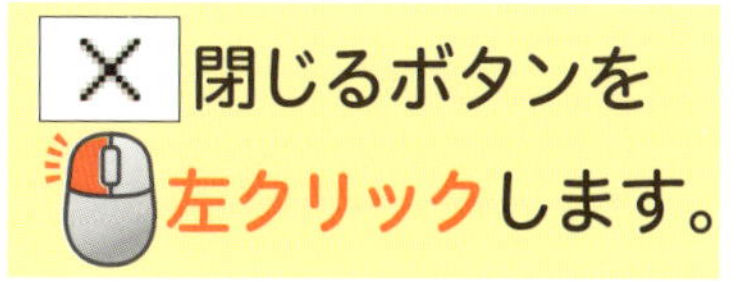

閉じるボタンを左クリックします。

次のページへ

8 ワードパッドが終了しました

ワードパッドが終了しました。

「名前を付けて保存」と「上書き保存」の違い

ワードパッドには、2 種類の保存方法があります。

「**名前を付けて保存**」は、新しく保存するときに選びます。「**上書き保存**」は、前に保存している内容を、最新の状態に保存し直します。

今回のレッスンでは、はじめて文章を保存するので、「名前を付けて保存」を使って保存しています。

保存した文章のデータを、**ファイル**といいます。

保存したファイルは、何度でも開いて、続きから入力できます（90 ページ）。

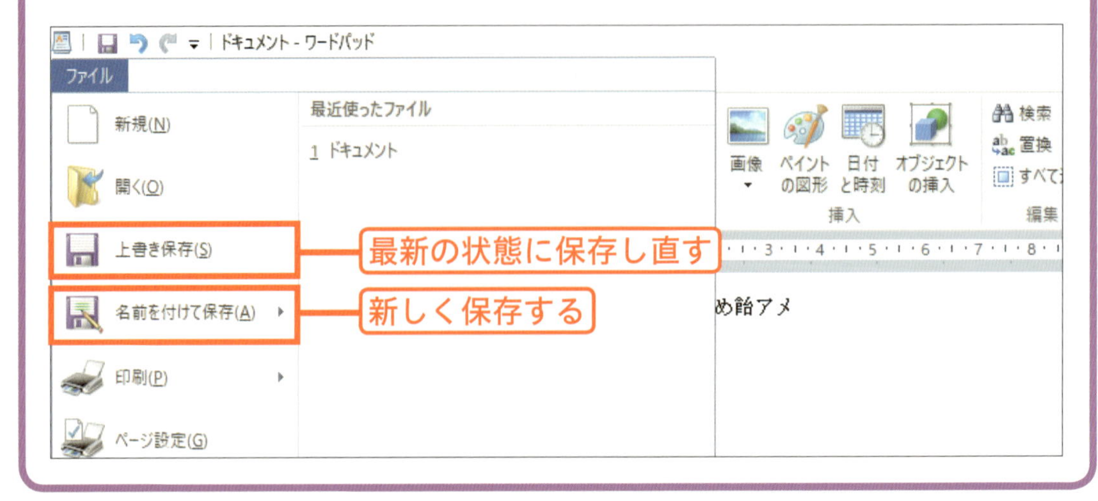

Q 句読点や記号を入力するには？

A 以下のようにに入力しましょう。

日本語で文章を入力していて、「、」や「。」を入力したい場合は、[,][.]のキーをそれぞれ押しましょう。

記号を入力したい場合は、日本語で「読み」を入力して、変換するといいでしょう。たとえば、「まる」と入力して変換すると「○」や「●」が、「ぷらす」と入力して変換すると「＋」が入力できます。

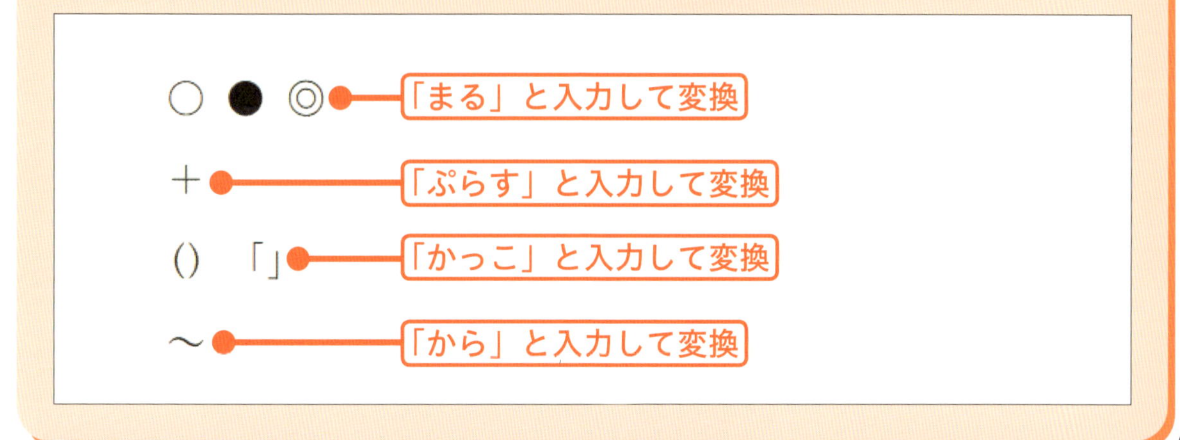

Q 英字がすべて大文字になってしまう！

A キャップスロック機能が有効になっている可能性があります。

英語入力モードで、Shift を押していないのに、アルファベットがすべて大文字になってしまう……。こんなときは、「キャップスロック」という機能が有効になっている可能性があります。

Shift と CapsLock を同時に押して、キャップスロックを解除しましょう。

4章

文章を編集しよう

この章のレッスン

レッスンをはじめる前に

文書はあとから何度でも入力や削除ができます

パソコンで文書を作成すれば、自由に**文章を書き換えられる**のでとっても便利です。たとえば、文章の中の好きな位置に、すぐに文字を追加できます。間違えて入力したときも、簡単に削除できます。

文章を追加したり、改行したりできます

今日は公園の草むしりをした。
田中さんと久しぶりに話した。

今日は公園の草むしりをした。
みちがえるほどきれいになって、気分も清々しい。
田中さんと久しぶりに話した。

文字の削除も簡単です

今度、たくさんパソコンに取り込む方法を教えることになった。

今度、パソコンに取り込む方法を教えることになった。

文書内の文字は簡単に複製や移動ができます

パソコンで便利なのが、文字を自由に**複製したり、移動したり**できるところ。同じ文字を並べたいときは「コピー」機能で複製しましょう。文字を移動したいときは「切り取り」機能で移動できます。

☆お買い物リスト
今週中
・シャンプー
・お弁当の材料
・茶こし
来週中

☆お買い物リスト
今週中
・シャンプー
・お弁当の材料
・茶こし
来週中
・お弁当の材料

文章をコピーして複製できます

☆お買い物リスト
今週中
・シャンプー
・茶こし
来週中
・お弁当の材料

文章を切り取って移動できます

4章

レッスン

21

この章の進度

文書ファイルをワープロアプリで開こう

3 章のレッスン 20 で保存した文書ファイルを、ワードパッドで呼び出してみましょう。ファイルを呼び出すことを、**ファイルを開く**といいます。

ここでの操作

左クリック

24ページ

ホイールを回す

25ページ

1 スタートメニューを開きます

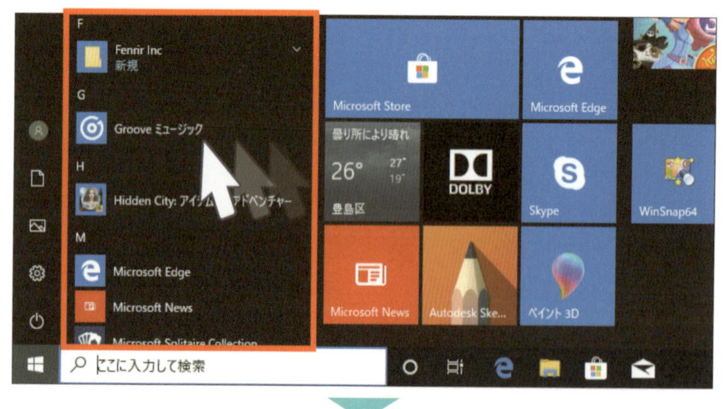

スタートメニュー（30 ページ）のアプリ一覧の上に、ポインターを移動します。

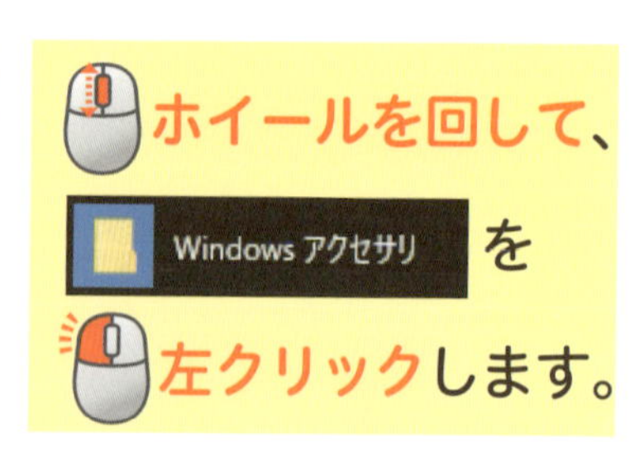

ホイールを回して、Windows アクセサリ を左クリックします。

2 ワードパッドを起動します

その下に表示された、

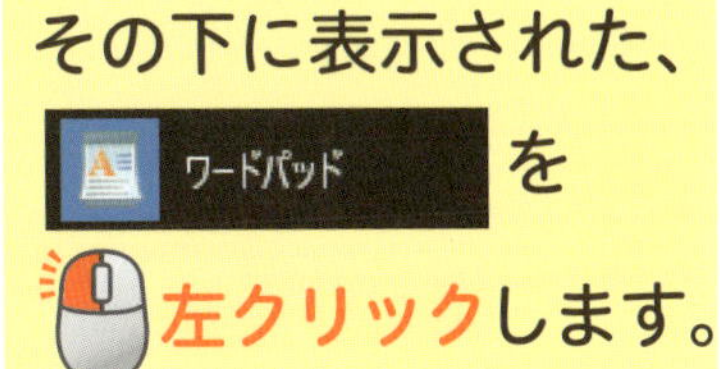

を左クリックします。

ワードパッドが起動しました。

3 「ファイル」メニューを選択します

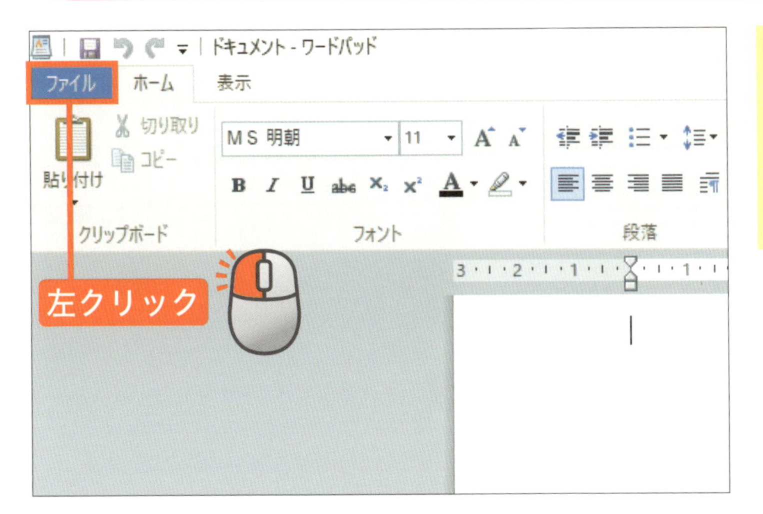

左上にある

を左クリックします。

4 「開く」を選択します

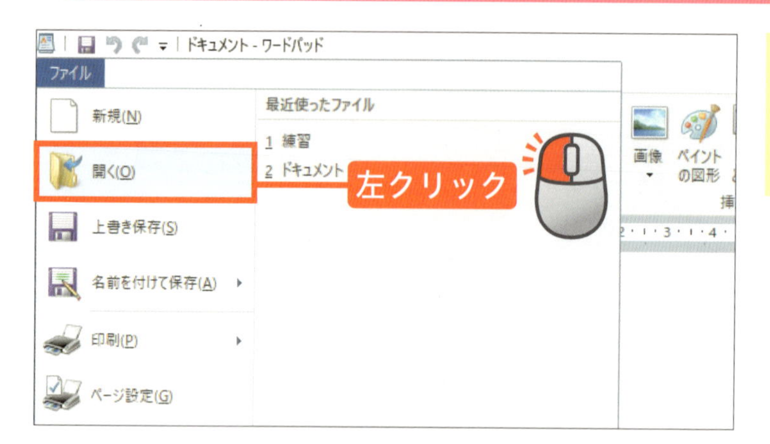

を左クリックします。

5 保存場所を表示します

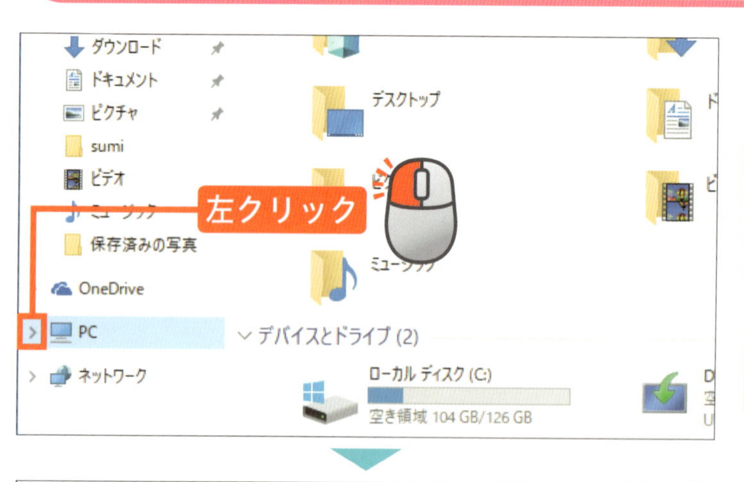

「開く」ウィンドウが表示されます。

左側の枠にある

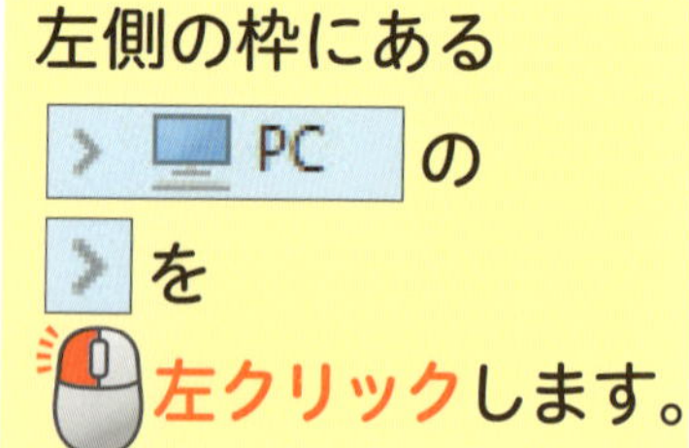

の を左クリックします。

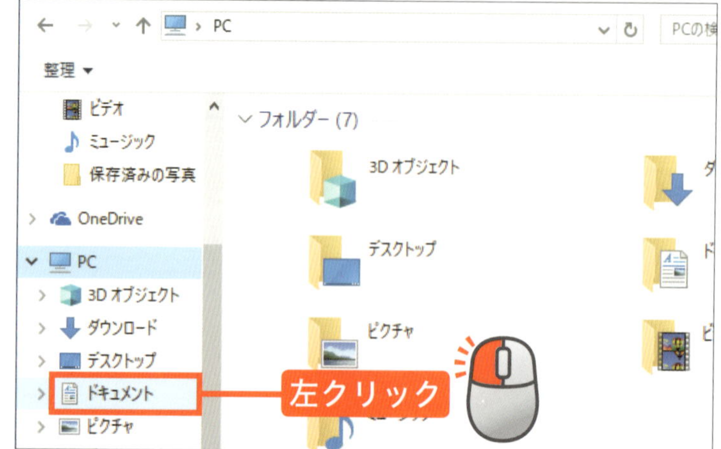

下側に表示された、

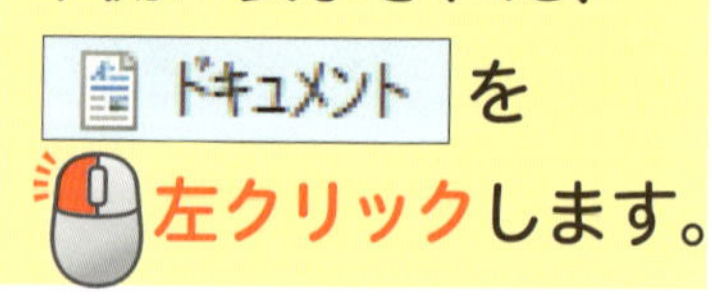

を左クリックします。

4章 文章を編集しよう

6 保存しておいたファイルを開きます

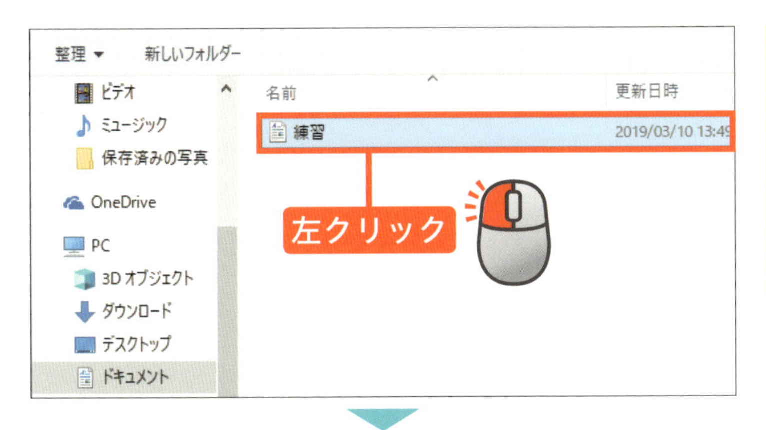

3 章のレッスン 20 で保存しておいた 練習 を 左クリックします。

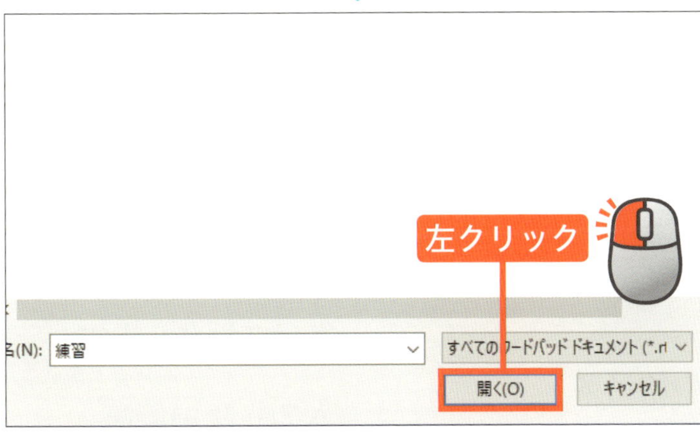

を 左クリックします。

7 ファイルが開きました

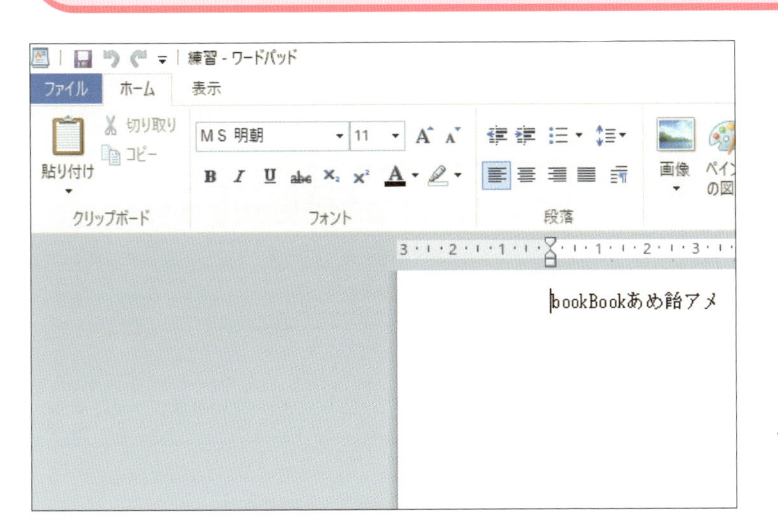

保存しておいたファイルが開きました。

終わり

4章
レッスン
22
この章の進度

ワープロアプリで文章を編集しよう

呼び出したファイルの中身に、空白や改行、文字などを追加してみましょう。文章が見やすくなりますよ。

ここでの操作

左クリック

24ページ

入力

60ページ

1 カーソルを移動します

93ページから続けて操作します。

入力したい位置（ここでは「B」の左側）を左クリックします。

｜カーソルが移動しました。

2 文字の間に空白を入れます

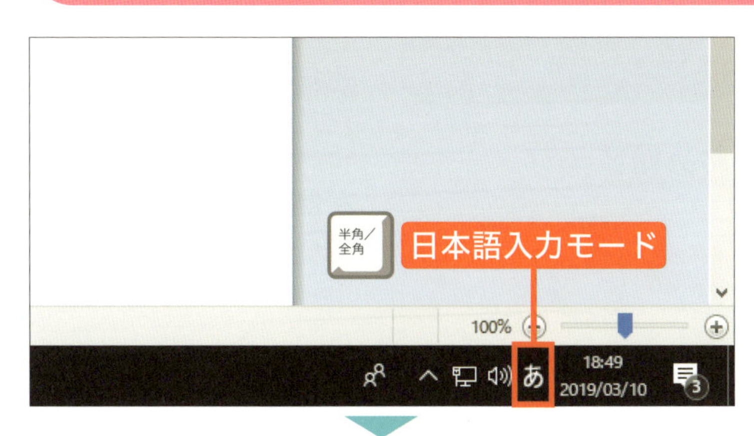

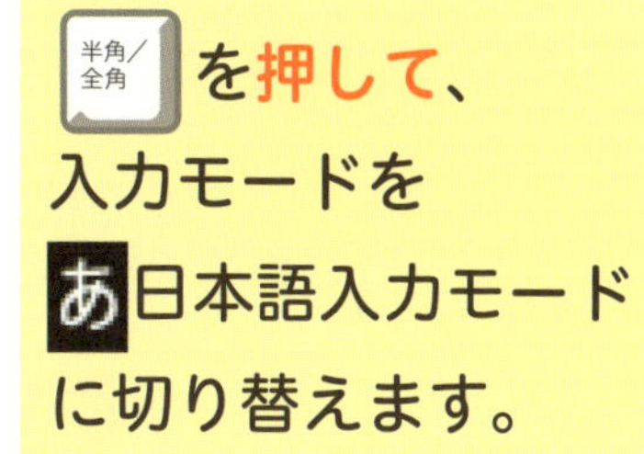

を押して、
入力モードを
あ日本語入力モード
に切り替えます。

を押します。

3 空白が入力されました

空白が入力されます。

アドバイス

英語入力モードで
□を押すと、
半角の空白が入力され
ます。

次のページへ

4 文章を改行します

改行したい位置（ここでは「あ」の左側）を左クリックします。

｜カーソルが移動しました。

を押します。

5 改行されました

｜カーソルの位置で改行され、それ以降の文字が次の行に移動します。

Enter には、「文字の確定」と、「改行」の２つの役割があります。

6 文字を追加します

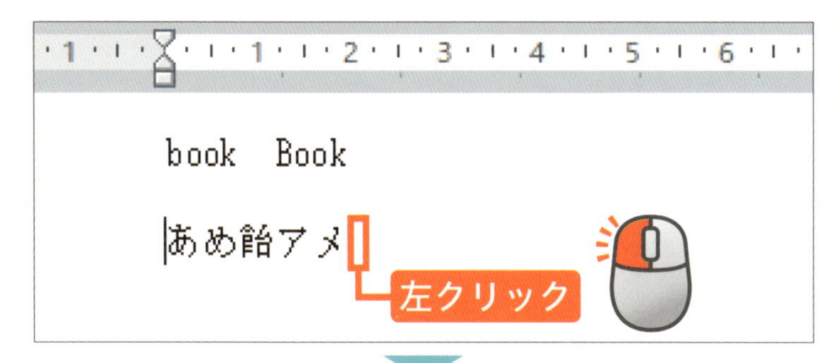

文字を入力する位置（ここでは「メ」の右側）を左クリックします。

｜カーソルが移動しました。

「雨」と入力します。Enterを押します。

7 文字が追加されました

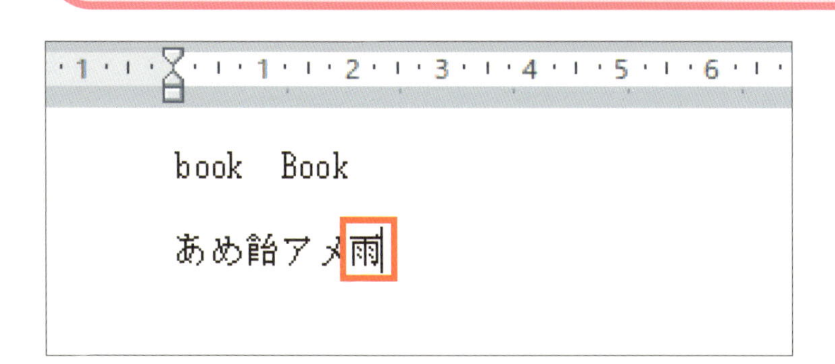

文字が追加されました。

この章の進度

4章

レッスン

23 文字を削除しよう

続いて、文字の削除を行ってみましょう。
文字の削除には、 バックスペースキーを使います。

ここでの操作

左クリック

24ページ

入力

60ページ

1 文字の削除に使うキーを確認します

97ページから続けて操作します。

文字の削除には、 を使います。

ヒント Delete でも削除できます

文字の削除に使えるキーは2つあります。
BackSpace と Delete です。
BackSpace は、│カーソルの左側にある文字を削除します。Delete は、│カーソルの右側にある文字を削除します。
│カーソルの位置と削除したい文字の場所を見て、どちらかのキーを使いましょう。

② 文字を削除します

削除したい文字（ここでは「メ」）の右側を左クリックします。

｜カーソルが移動しました。

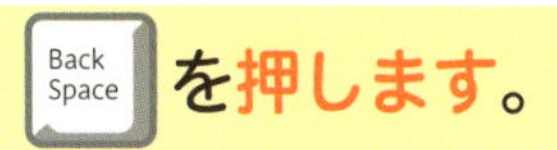

Back Space を押します。

③ カーソルの左側の文字が削除されます

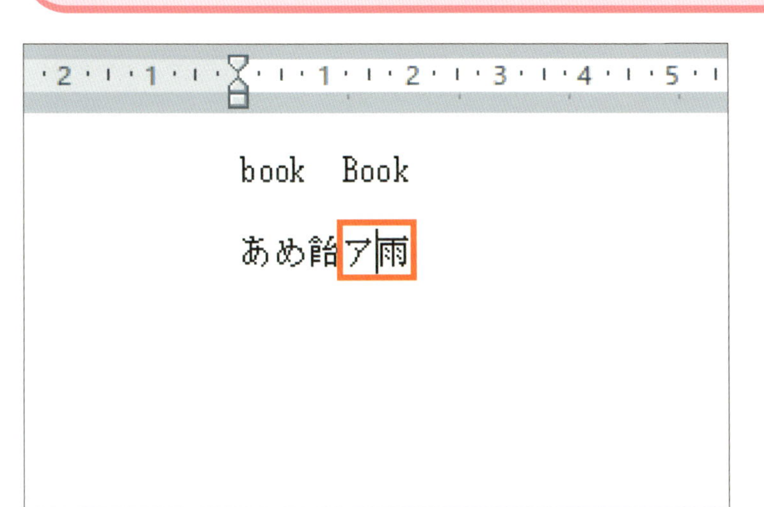

「メ」の文字が削除されました。

次のページへ

4 もう１つ文字を削除します

もう一度

を押します。

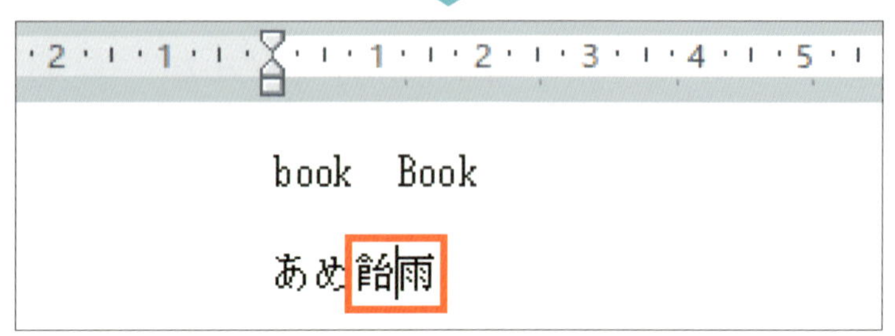

「ア」の文字が削除されました。

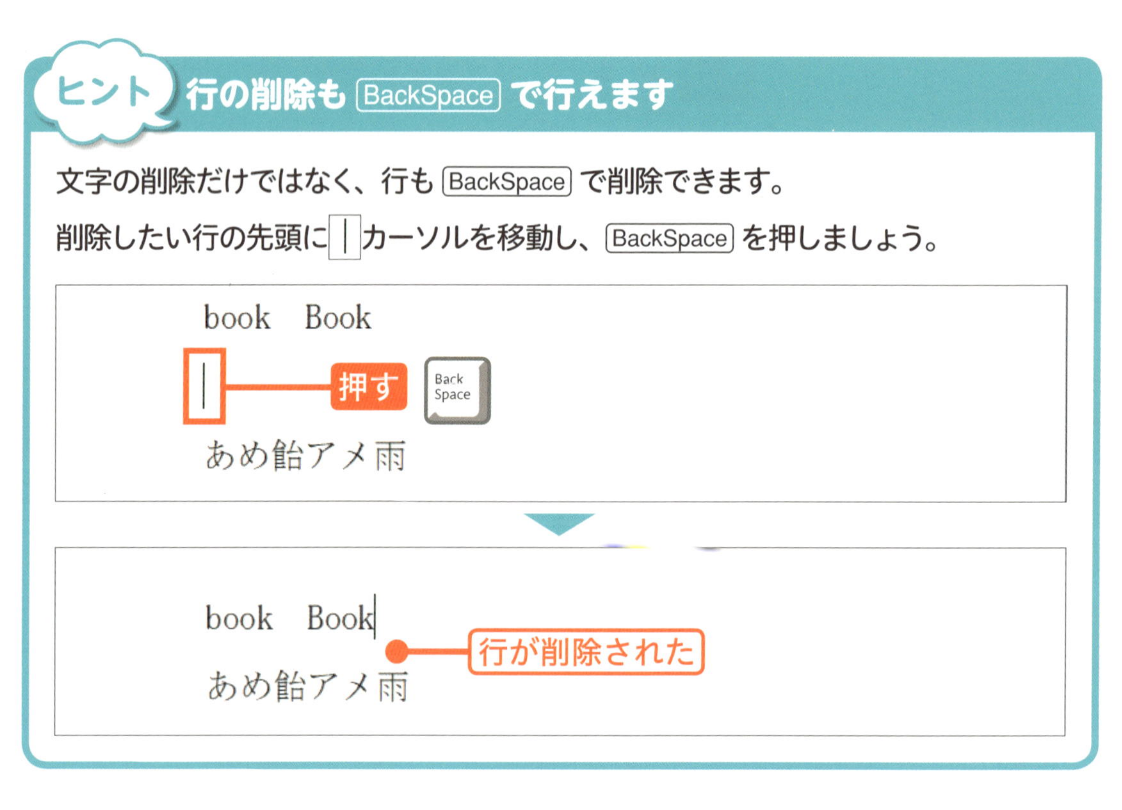

ヒント 行の削除も BackSpace で行えます

文字の削除だけではなく、行も BackSpace で削除できます。
削除したい行の先頭に | カーソルを移動し、BackSpace を押しましょう。

ヒント 範囲を指定してまとめて削除できます

文章の広範囲を削除したいとき、BackSpace を使って、1文字ずつ削除するのは面倒です。
こんなときは、マウスで範囲を指定してから、BackSpace を押しましょう。
指定した範囲が一括で削除されます。

はじめは誰でもむずかしいと思うものです。
それでも、諦めずに取り組むことで、おのずとできるようになっていきます。まずは、さわってみることが大切。やってみて、わからないところは聞けばいいのです。

左クリック

削除したい範囲の
先頭を
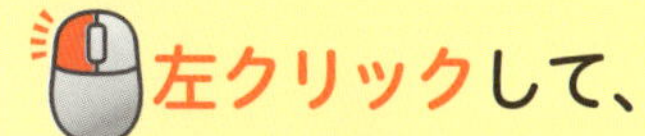

カーソルを
移動します。

はじめは誰でもむずかしいと思うものです。
それでも、諦めずに取り組むことで、おのずとできるようになっていきます。まずは、さわってみることが大切。やってみて、わからないところは聞けばいいのです。

①ドラッグ

②押す

そのまま、
削除したい範囲の
末尾まで
ドラッグします。

選択された範囲に
色が付きます。

Back Space を押します。

はじめは誰でもむずかしいと思うものです。
まずは、さわってみることが大切。やってみて、わからないところは聞けばいいのです。

色が付いた部分の
文字をまとめて
削除できました。

4章 レッスン 24

文字のコピー／貼り付け／切り取りをしよう

この章の進度

パソコンでは、入力した文字をコピーしたり、切り取ったり、別の場所に貼り付けたりできます。ここで順番にやってみましょう。

ここでの操作

左クリック 24ページ

ドラッグ 27ページ

1 カーソルを移動します

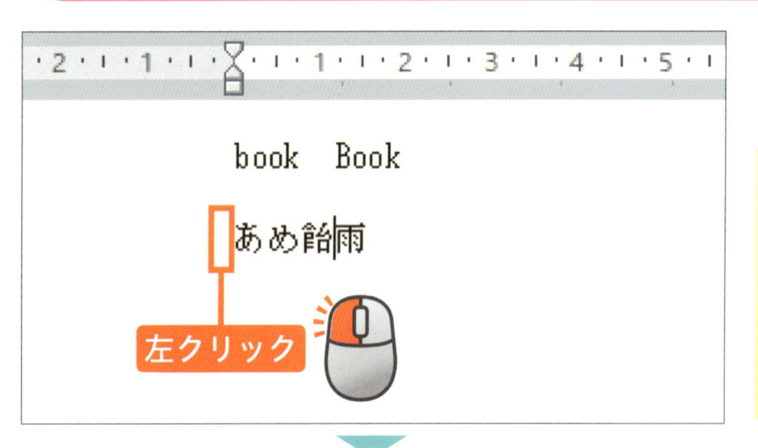

100ページから続けて操作します。

コピーしたい文字（ここでは「あめ」）の左側を

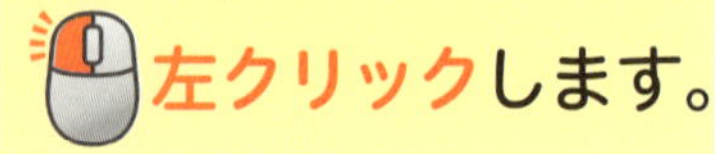

左クリックします。

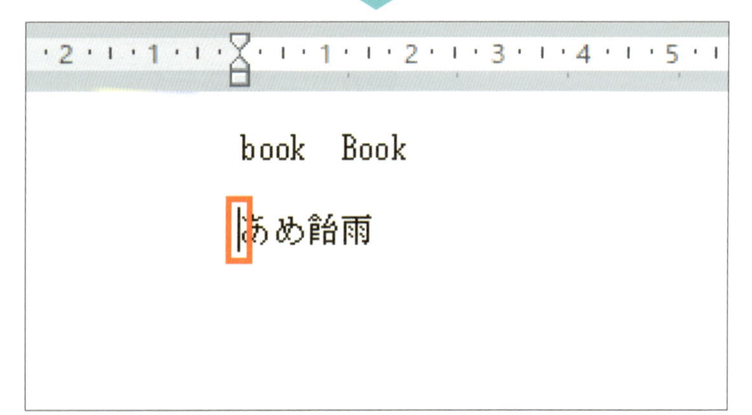

｜カーソルが移動しました。

2 選択した文字をコピーします

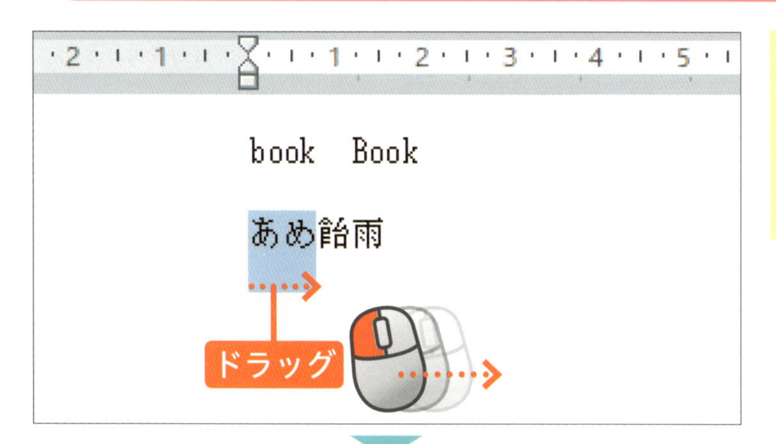

コピーしたい文字を
なぞるように
ドラッグします。
色が変わり、
文字が選択されます。

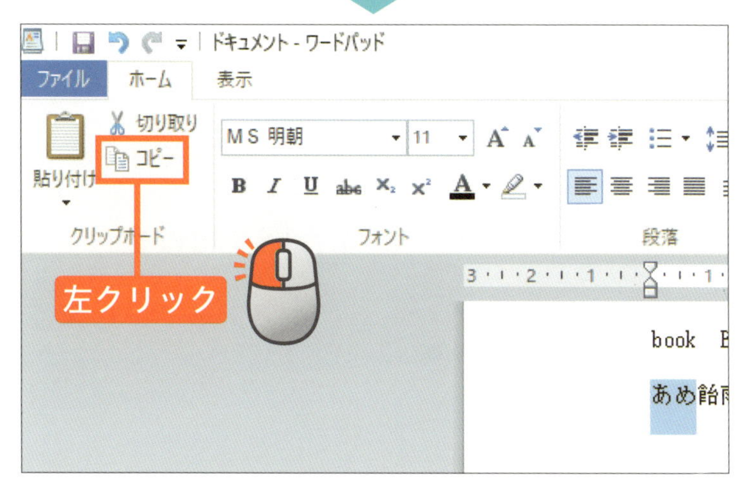

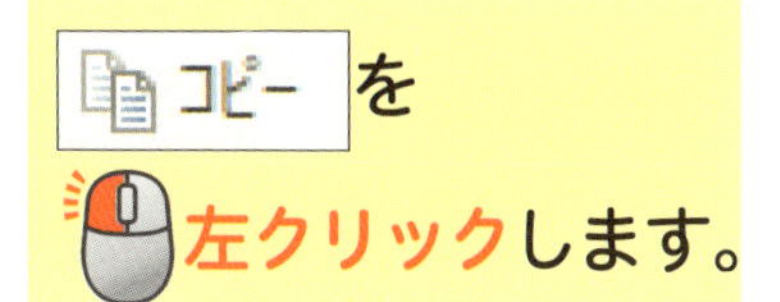

を
左クリックします。

3 文字を貼り付ける位置を指定します

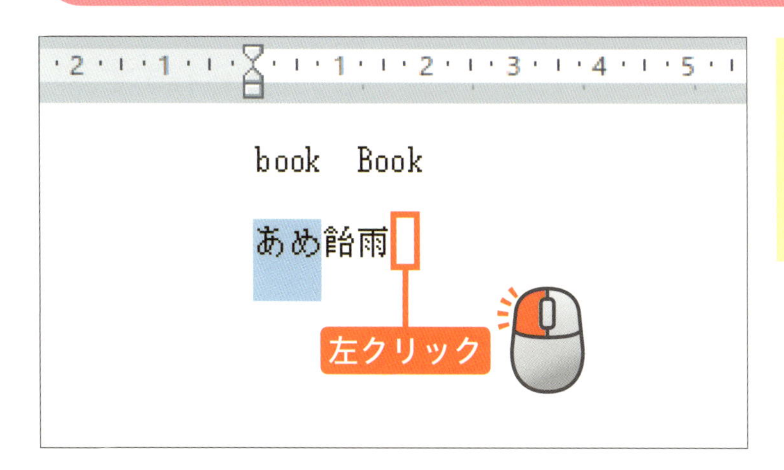

コピーした文字を
貼り付けたい位置を
左クリックします。

次のページへ

4 カーソルが移動します

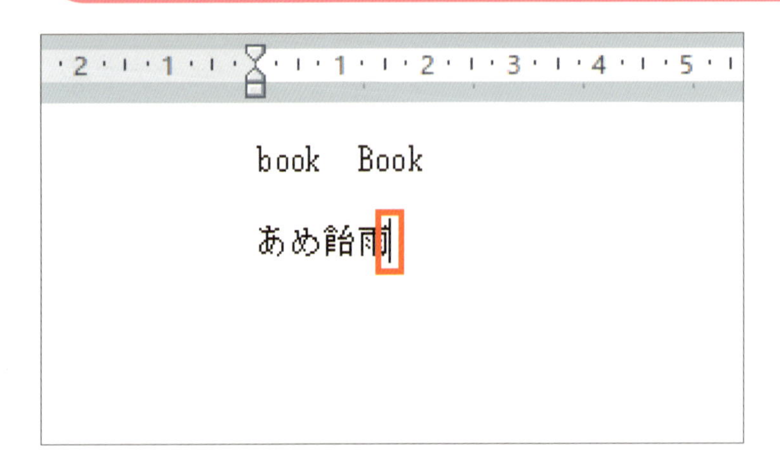

│カーソルが移動しました。

5 コピーした文字を貼り付けます

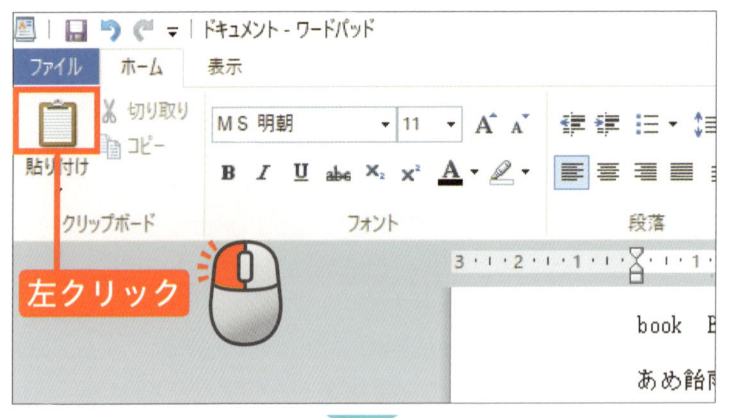

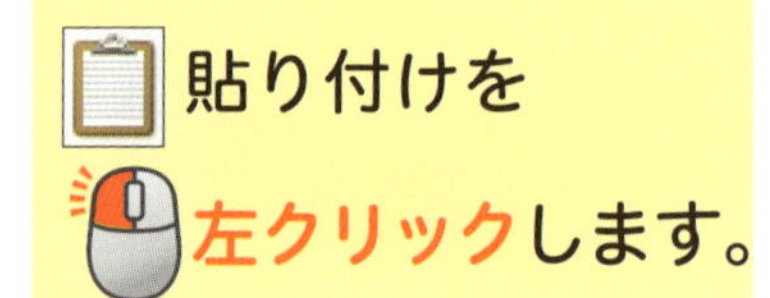

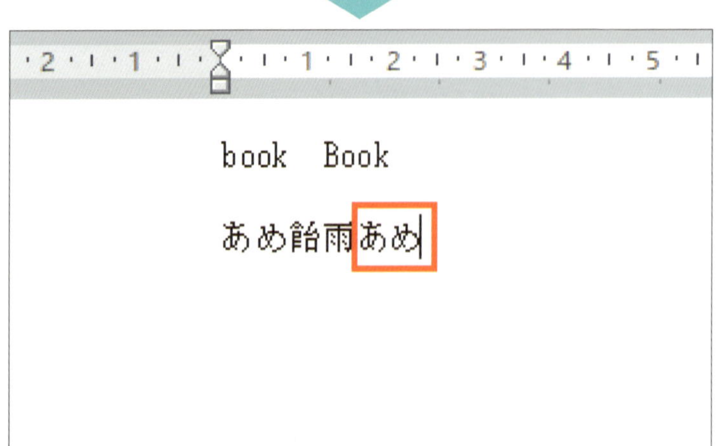

コピーした文字が貼り付けられます。

4章 文章を編集しよう

6 カーソルを移動します

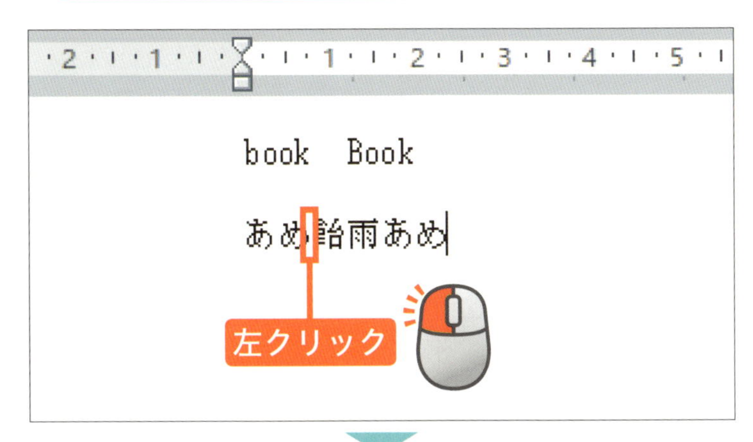

続いて、
文字の切り取りです。

切り取りたい文字
（ここでは「飴」）の
左側を

左クリックします。

｜カーソルが
移動しました。

7 切り取りたい文字を選択します

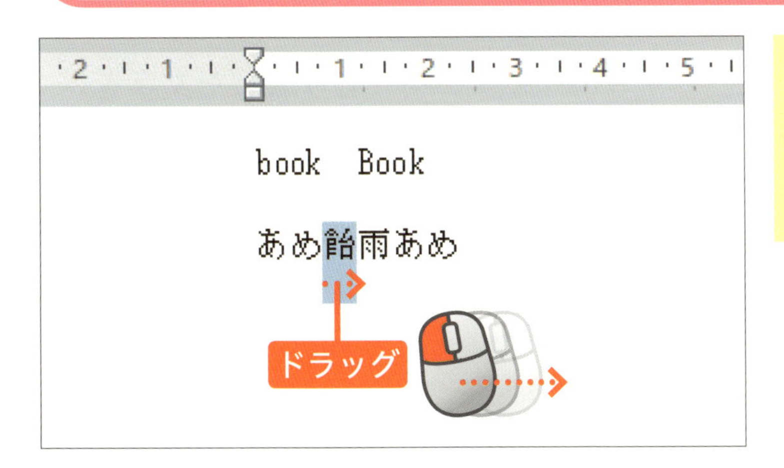

切り取りたい文字を
ドラッグして
選択します。

8 選択した文字を切り取ります

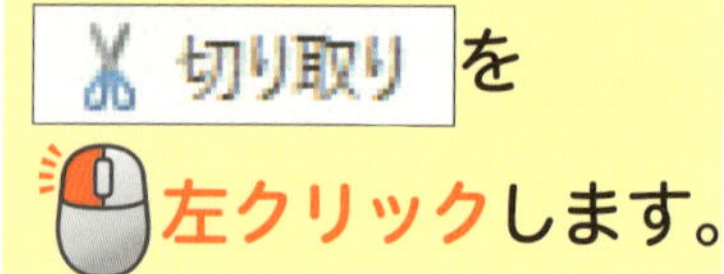

を左クリックします。

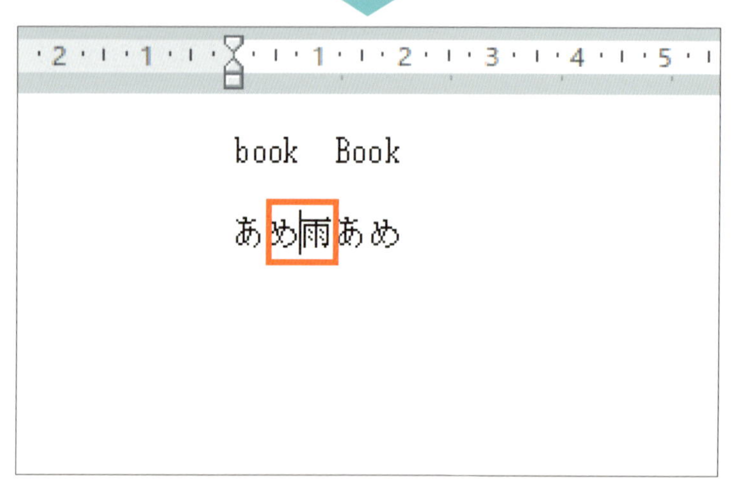

文字が切り取られます。

9 カーソルを移動します

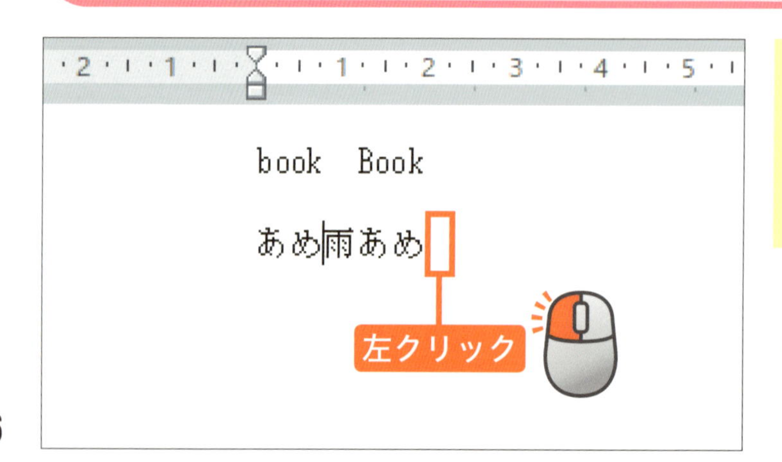

切り取った文字を貼り付けたい位置を左クリックします。

| カーソルが移動します。

10 切り取った文字を貼り付けます

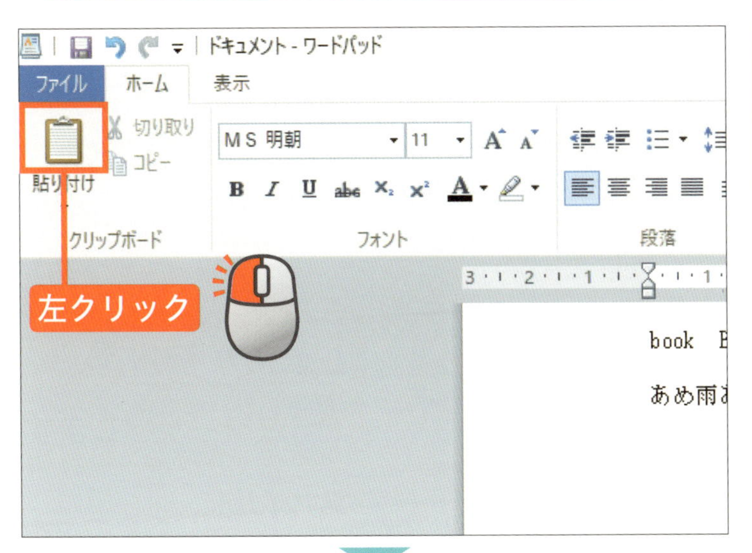

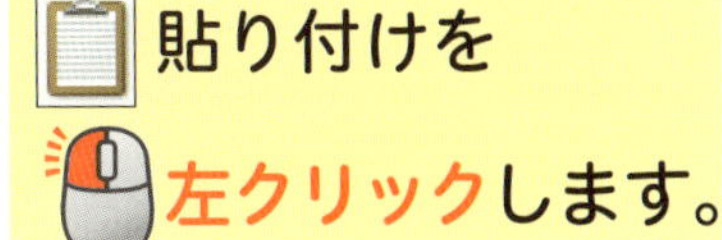

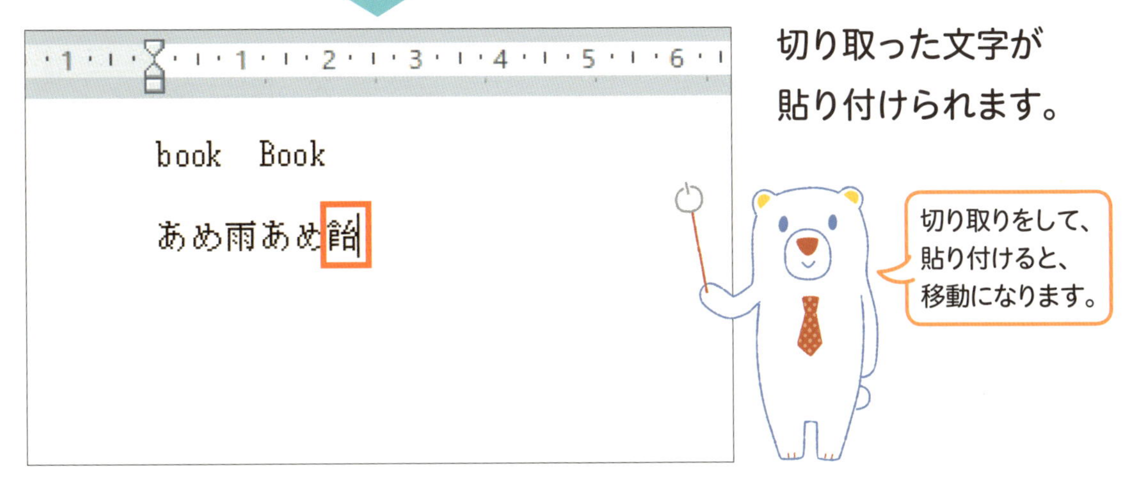

切り取った文字が貼り付けられます。

ヒント 文字はクリップボードに一時保管される

コピーしたり、切り取ったりした文字は、クリップボードという場所に一時的に保管されます。

貼り付けを行うときは、クリップボードの内容が貼り付けられます。

新たに文字をコピーしたり、切り取ったりすると、クリップボードの内容は上書きされます。

次のページへ

11 ファイルを上書き保存して終了します

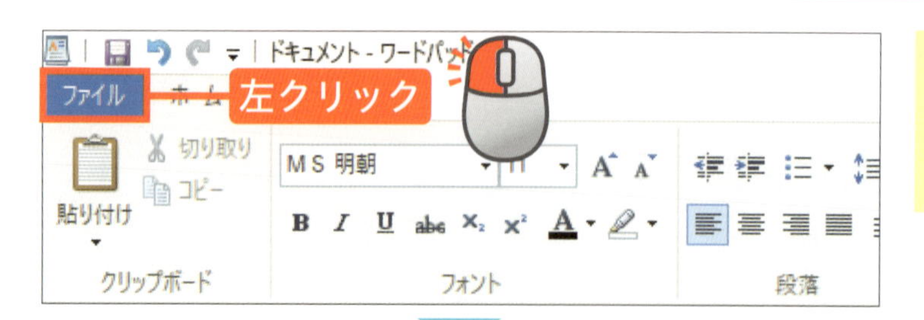

ファイル を左クリックします。

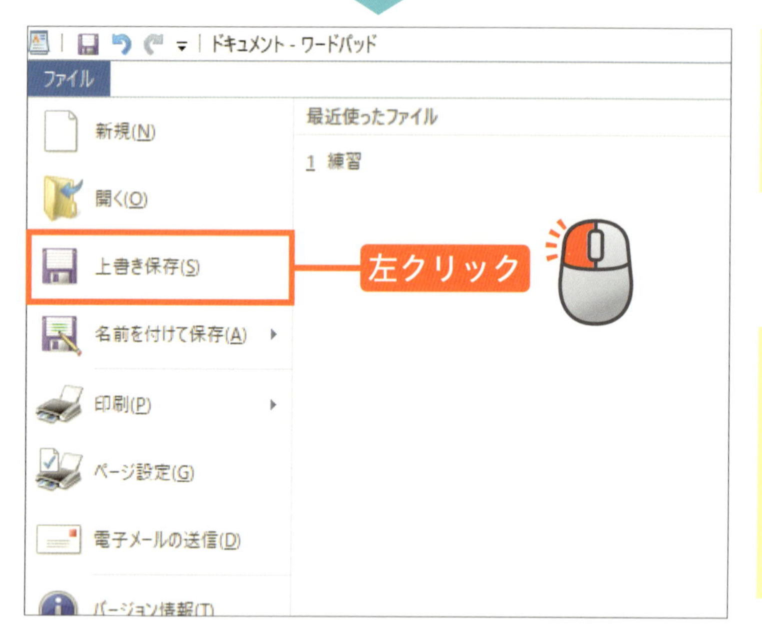

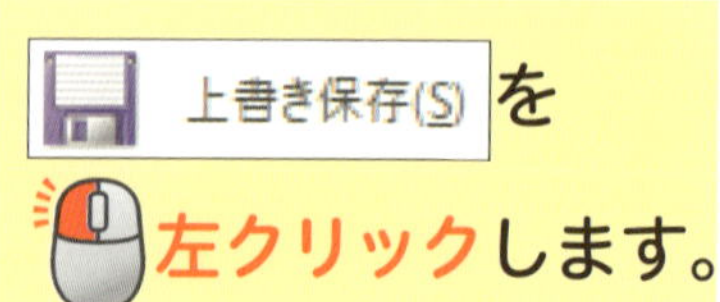

上書き保存(S) を左クリックします。

ファイルに上書き保存されます。

閉じるボタンを左クリックしてワードパッドを終了します。

ヒント 文字を追加したいのに上書きされてしまうときは

文字を追加したいのに、前に入力していた文字が上書きされてしまうことがあります。これは、文字を上書きモードにする Insert キーをうっかり押してしまったことが考えられます。Insert キーを再度押して、上書きモードを無効にしましょう。

上書きモードになっていると

次回の予定は１か月後です。

追加した文字で上書きされます

次回のカラオケ大会のです。

5章

インターネットをはじめよう

この章のレッスン

レッスンをはじめる前に

インターネットの情報はブラウザーで表示します

「インターネット」とは、世界中の情報や人とつながることができる仕組みのこと。世界中の人や企業が作ったホームページを見られるのです。ホームページは、「ブラウザー」アプリを使って表示します。

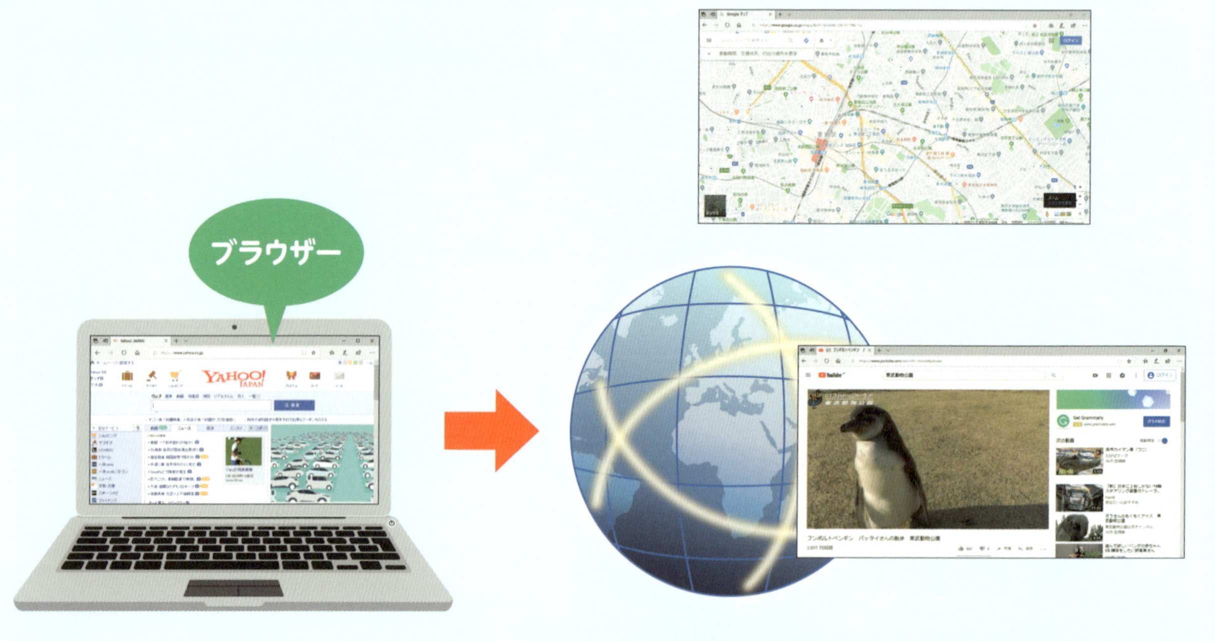

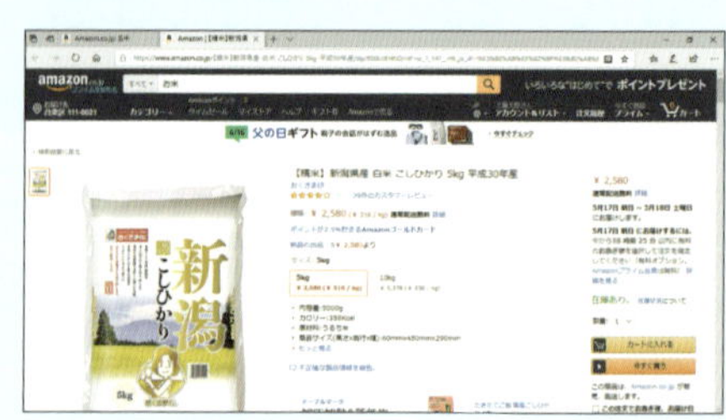

インターネットの情報はキーワードで探せます

インターネットのホームページは、**検索**で探すことができます。**キーワード**を入力して検索すると、それに合ったページを見つけて一覧表示してくれます。その一覧から見たいページを表示できます。

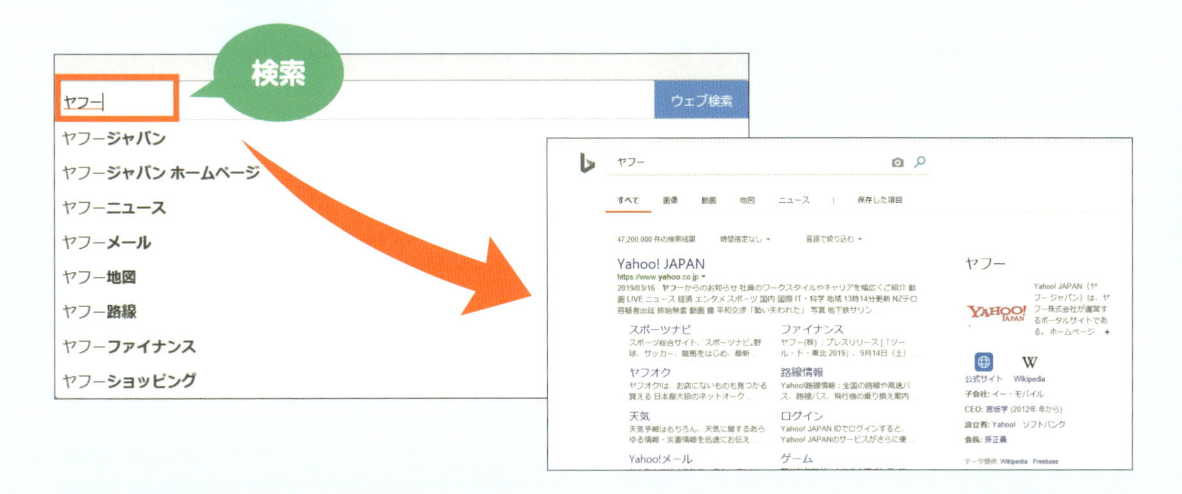

よく見るページを「お気に入り」に登録できます

何度も見るホームページは、ブラウザーの「**お気に入り**」に登録しましょう。「お気に入り」は本に挟むしおりのようなもので、見たいページを登録しておけば、すぐにそのページを表示できます。

ブラウザーを起動しよう

ホームページを表示するのに必要な、ブラウザーアプリを起動しましょう。パソコンには、はじめからブラウザーが入っています。

1 ブラウザーを起動します

タスクバー(20ページ)にある、

e を

左クリックします。

2 ブラウザーが起動しました

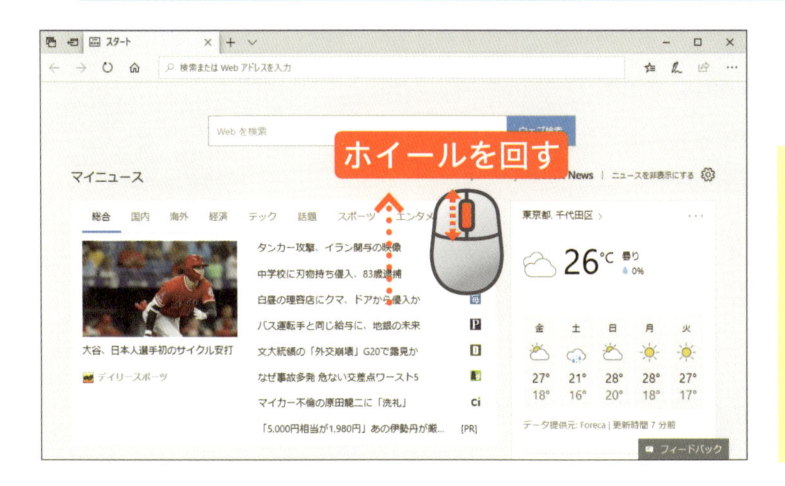

ブラウザーが
起動しました。

ブラウザーの上に
ポインターを
移動して、
ホイールを
回します。

3 ページの下側が表示されました

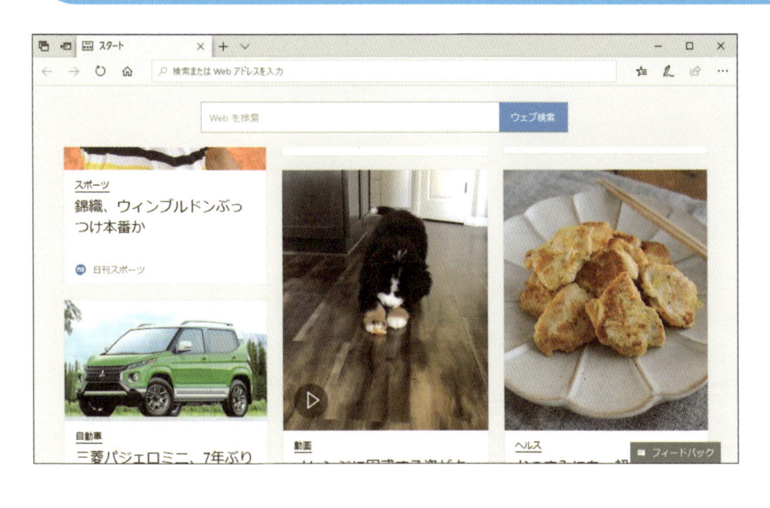

ホームページの
下側の内容が
表示されました。

ホイールを
反対方向に回すと、
ページの上側に
戻ります。

ブラウザーを最大化
(48 ページ) すると、
見やすいですよ！

終わり

5章 レッスン 26

この章の進度

ブラウザーを知ろう

起動したブラウザーの画面を見ておきましょう。
操作する場所の名前と役割について知っておきましょう。

ブラウザーの画面　その1

1 タブ

1つのタブに、1つのホームページが表示されます。
タブを増やして、ページをいくつも表示できます。

2 新しいタブ ＋

左クリックすると、新しいタブを1つ追加できます。

3 アドレスバー

見ているページのURL（134ページ）が表示されます。
ここに検索するキーワードを直接入力することもできます。

 ブラウザーの画面　その2

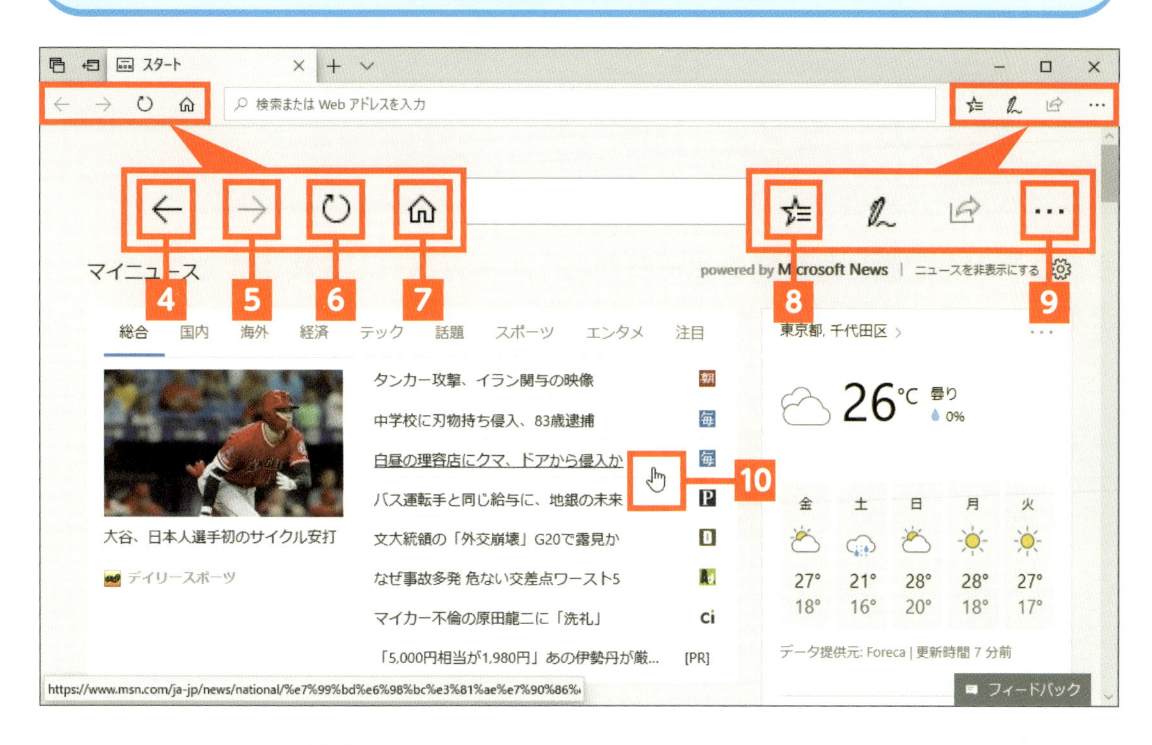

4 戻るボタン ←

直前に表示していたページに移動します。

5 進むボタン →

戻るボタンを押す前に表示していたページに移動します。

6 最新の情報に更新ボタン

表示中のページを再度読み込んで、最新の状態にします。

7 ホームボタン

ブラウザーで「ホーム」として設定したページに移動します。

8 お気に入りボタン

「お気に入り」に登録したページを一覧表示します。

9 設定などボタン …

ホームページの表示を拡大したり、印刷したりなどの各設定項目があります。

10 ポインター

ホームページの文字や画像を左クリックできるときは、ポインターが手の形になります。左クリックすると、別のページに移動します。

5章 レッスン 27

この章の進度

ホームページを検索しよう

ブラウザーを起動した最初のページから、ホームページを検索することができます。キーワードを入力して検索してみましょう。

ここでの操作

左クリック 24ページ

ホイールを回す 25ページ

キー入力 60ページ

1 検索欄を左クリックします

112ページの方法で、ブラウザーを起動します。

ページの上部にある Web を検索 を 左クリックします。

半角/全角 を押して、日本語入力モード（62ページ）に切り替えます。

2 検索するキーワードを入力します

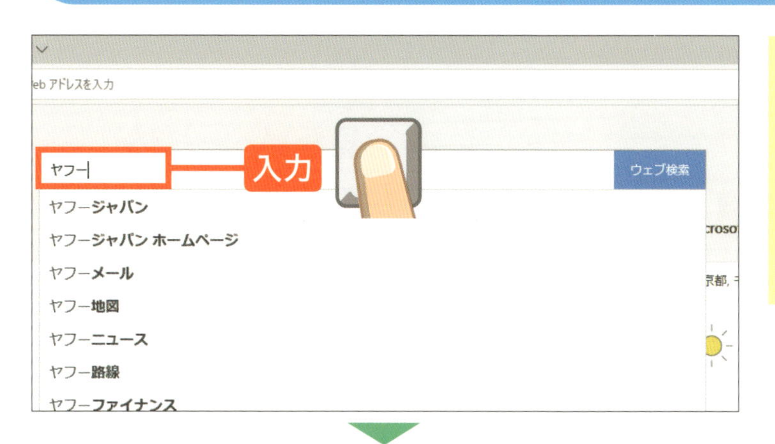

検索するキーワード（ここでは「ヤフー」）を入力します。

ウェブ検索 または を左クリックします。

アドバイス

入力中に表示される検索候補を左クリックしても検索できます。

3 検索結果が表示されました

検索結果が表示されます。

4 見たいページを探します

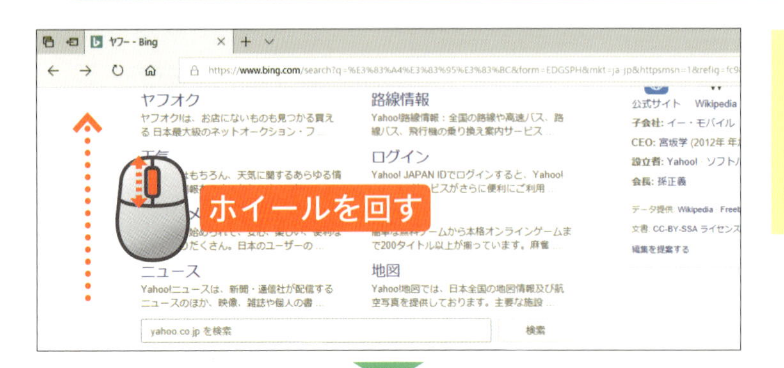

ホイールを回して、見たいページを探します。

見たいページのタイトル文字を左クリックします。

アドバイス

ここではヤフーの「ニュース」ページへのリンクを左クリックしています。

5 ページが表示されました

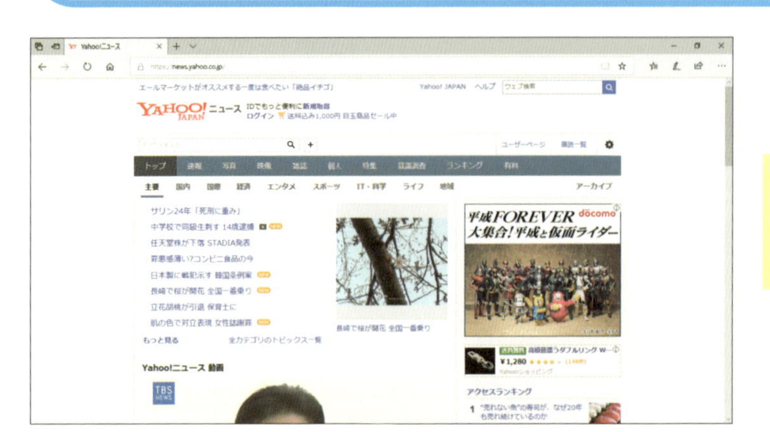

目的のページが表示されます。

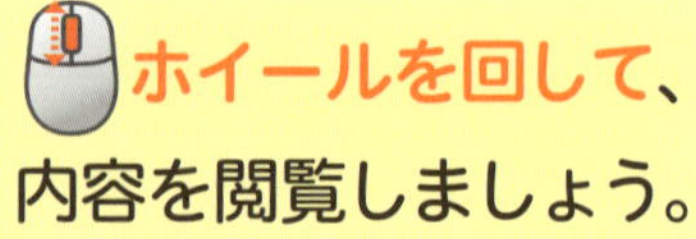

ホイールを回して、内容を閲覧しましょう。

ヒント 見たいホームページを見つけるコツ

見たいホームページを見つけるコツは、検索するときに複数のキーワードを入れることです。
まずはキーワードを１つ入れ、［　　］を押して空白をあけます。続いて、２つ目のキーワードを入れましょう。さらに３つ目、４つ目のキーワードを入力してもかまいません。このように空白で区切って複数のキーワードを入れることで、より見たい情報に近いホームページを検索できます。

天気　和歌山
ウェブ検索
powered by Microsoft

ヒント アドレスバーでもキーワード検索ができます

ホームページを見ているとき、別のキーワードで検索がしたくなることもあるでしょう。こんなとき、わざわざブラウザーの最初のページに戻る必要はありません。ブラウザー上部の**アドレスバー**を利用しましょう。
アドレスバーを左クリックして、表示されている文字を削除してからキーワードを入力します。Enter を押すと、検索結果のページが表示されます。

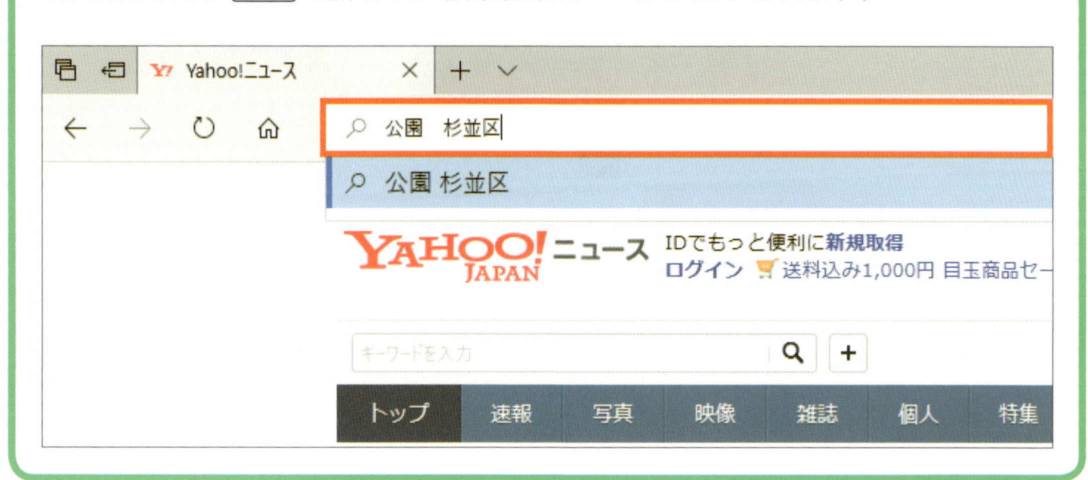

ほかのページに移動しよう

ほかのページにつながっている見出し文字や画像を「リンク」といいます。
気になるリンクがあったら、左クリックして表示してみましょう。

ここでの操作

ポインターの移動

24ページ

左クリック

24ページ

ホイールを回す

25ページ

1 気になる見出し文字を探します

118 ページから続けて操作します。

ホイールを回して、ホームページの中の気になる見出し文字や画像を探します。

2 リンクを左クリックします

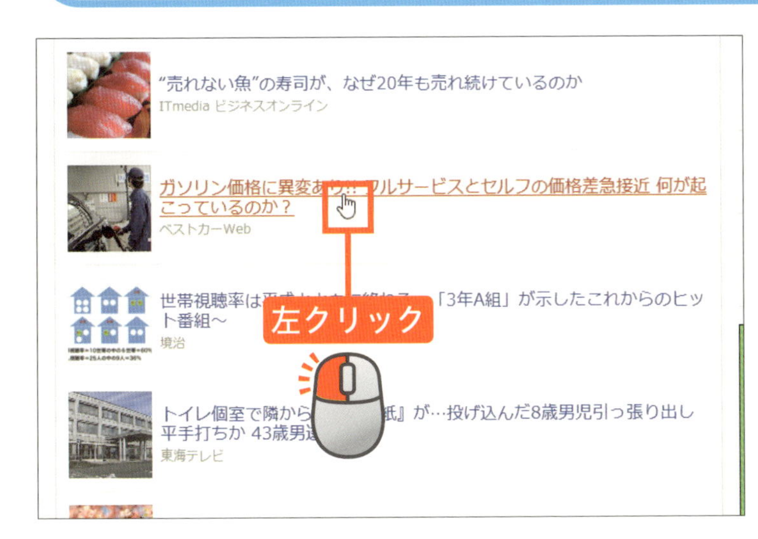

リンクに ポインターを合わせます。

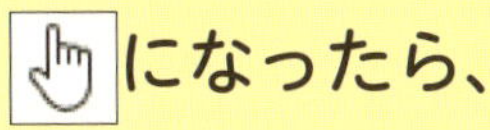
になったら、

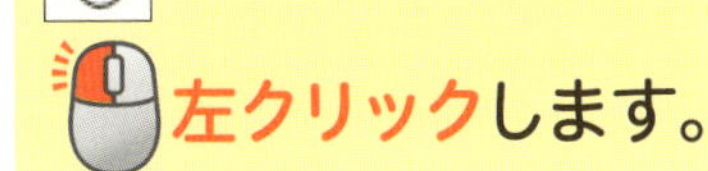
左クリックします。

3 リンク先のページが表示されます

リンク先のページが表示されました。

ヒント リンクの見分け方

ホームページ内でリンクとして左クリックできる文字は、青文字になっていたり、下線が引かれていたりします。文字や画像の上に ポインターを移動してみて に変化すれば、リンクとして左クリックできます。

5章 レッスン 29

この章の進度

前に表示したページに戻ろう

リンクからほかのページを表示したあと、前のページに戻ることができます。戻るボタンを左クリックしてみましょう。

1 前のページに戻ります

121 ページから続けて操作します。

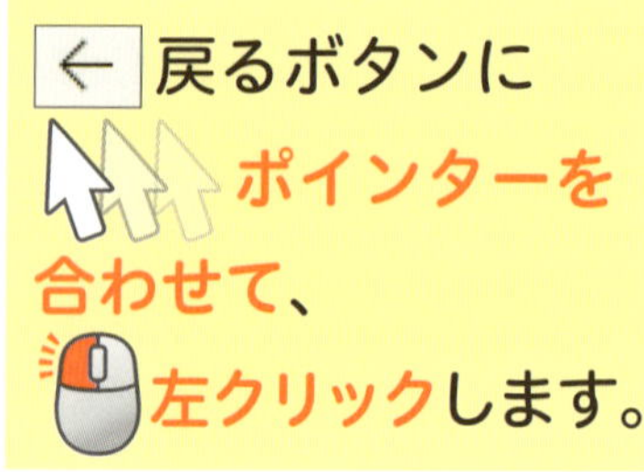

② 1つ前のページに戻りました

前のページに
戻ります。
今度は、元のページに
進んでみましょう。

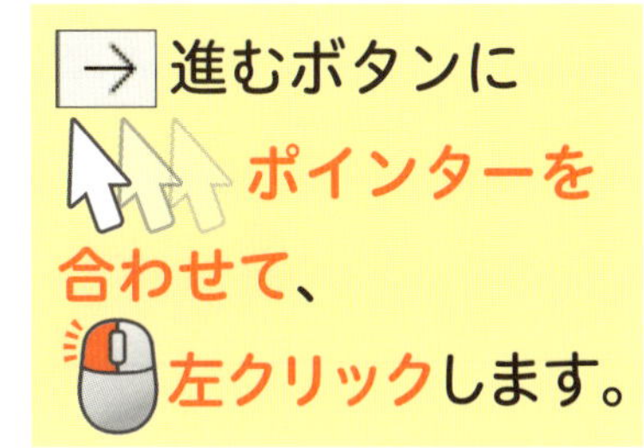

③ 元のページに進みました

元のページに
進みます。

それ以上、戻るページや進むページがないときは、ボタンの矢印が薄くなり、左クリックできなくなります。

この章の進度

文字を大きく表示しよう

ページの文字表示が小さくて読みづらいときは、ブラウザーの表示を拡大しましょう。読みやすい大きさに変更することができます。

1 メニューを表示します

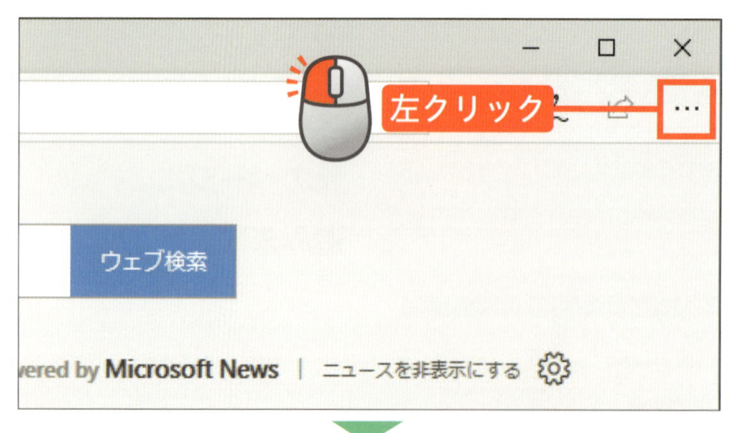

112 ページの方法で、ブラウザーを起動します。

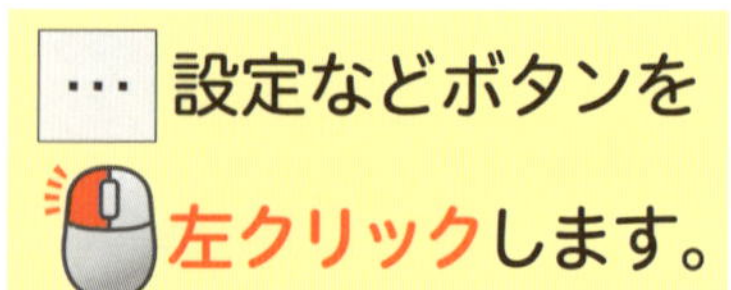

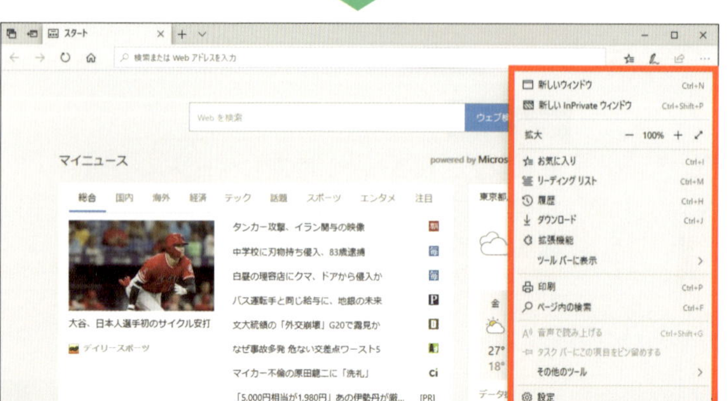

メニューが表示されました。

2 ページの表示を大きくします

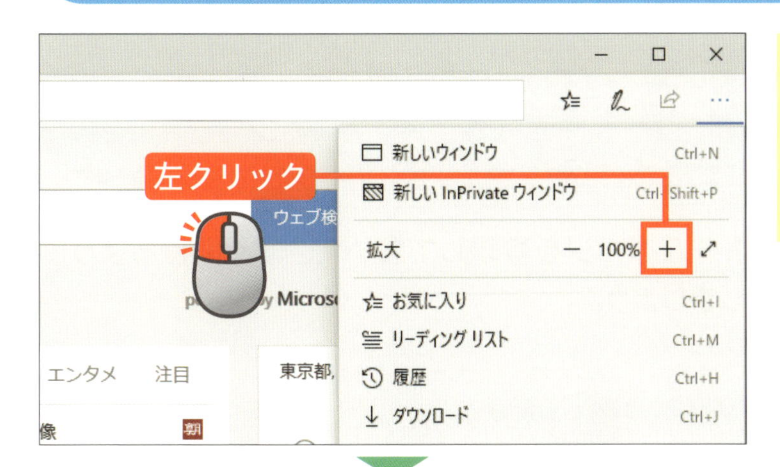

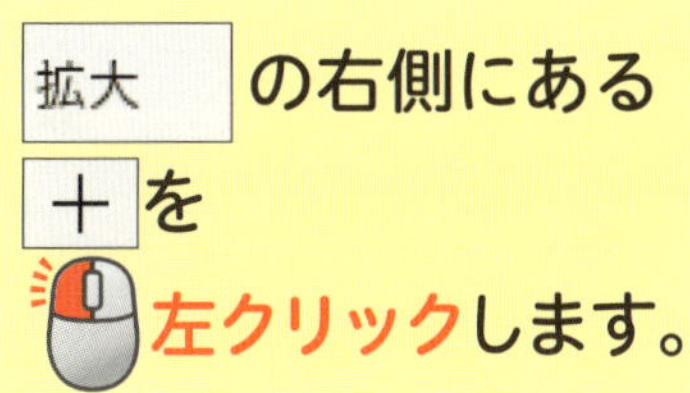

拡大 の右側にある ＋ を 左クリックします。

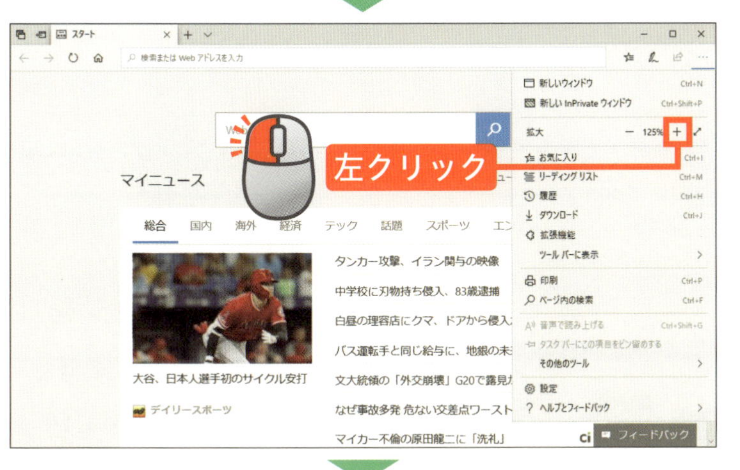

文字や画像が大きくなりました。

さらに何度か ＋ を 左クリックします。

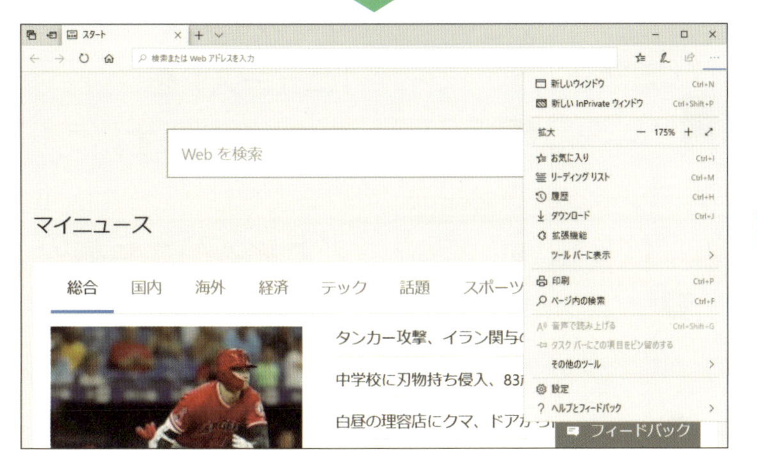

文字や画像がさらに大きくなりました。

アドバイス

メニューを閉じるには、メニューの外のブラウザー画面のなにもないところを左クリックします。

この章の進度

お気に入りにページを登録しよう

お気に入りとは、よく見るホームページを登録しておいて、すぐ開けるようにできる機能です。ぜひ活用しましょう。

ポインターの移動

24ページ

左クリック

24ページ

1 登録したいホームページを表示します

お気に入りに登録したいページを検索して表示します。ここでは116ページからの手順でヤフーの「ニュース」を表示しています。

アドレスバー右端の ☆ に ポインターを合わせ、左クリックします。

2 お気に入りに追加します

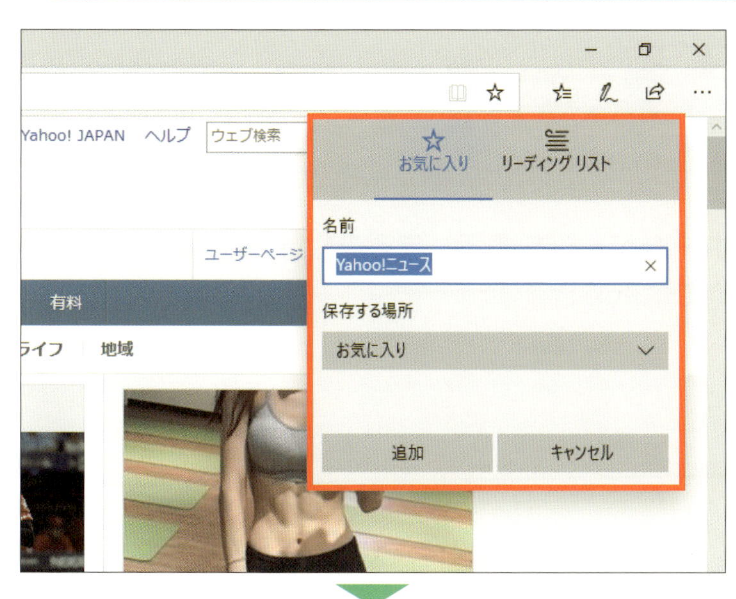

お気に入りに登録するメニューが開きます。「名前」は登録するページ名です。

アドバイス
名前は自由に変更できます。

追加 を左クリックします。

これでお気に入りに登録できました。

アドバイス
ブラウザーのバージョンによっては 追加 が 完了 になっています。

追加 をクリックすると、お気に入りに登録するメニュー画面は閉じます。

終わり

5章

レッスン 32

この章の進度

お気に入りから ページを表示しよう

登録した**お気に入り**から、ホームページを表示してみましょう。
お気に入りのメニューを開いて選択できます。

ここでの操作

左クリック

24ページ

1 お気に入りのメニューを表示します

お気に入りに登録したページと違うページを表示しておきます。

ここではブラウザーのホームボタンを**左クリック**して、最初のページを表示します。

お気に入りを**左クリック**します。

❷ 登録したページを左クリックします

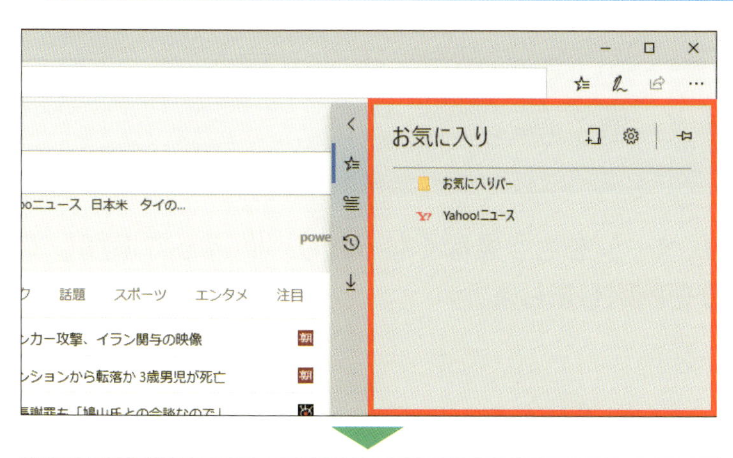

お気に入りの
メニューが
開きます。

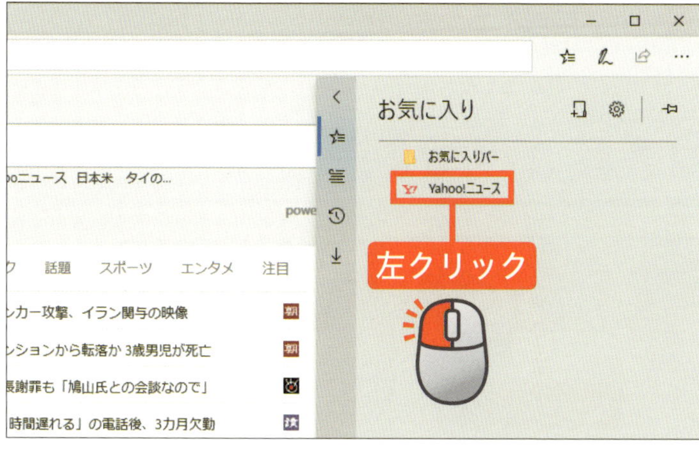

表示したいページを
左クリックします。

❸ ページが表示されました

お気に入りの
メニューが閉じ、
登録したページが
表示されます。

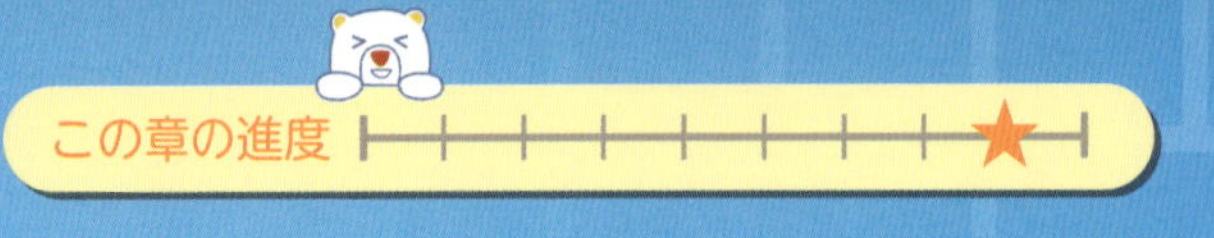

お気に入りのページを削除しよう

お気に入りに登録したホームページをもう見なくなったり、間違って追加してしまった場合は、お気に入りを削除しましょう。

ここでの操作

ポインターの移動

24ページ

左クリック

24ページ

1 お気に入りのメニューを開きます

129ページから続けて操作します。

お気に入りを左クリックします。

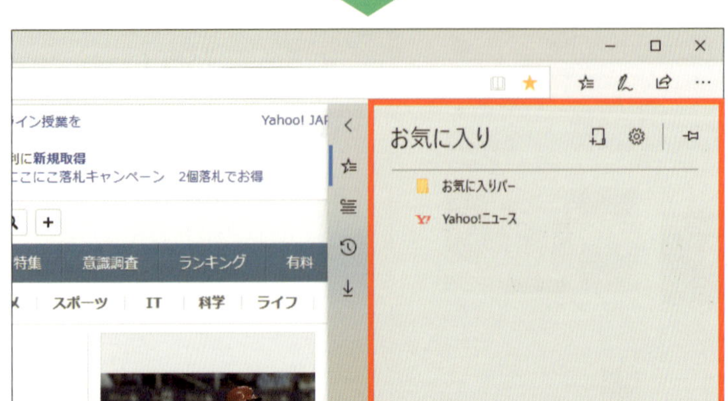

お気に入りのメニューが開きます。

2 登録したお気に入りを削除します

削除したい
お気に入りの名前に
ポインターを移動し、
右クリックします。

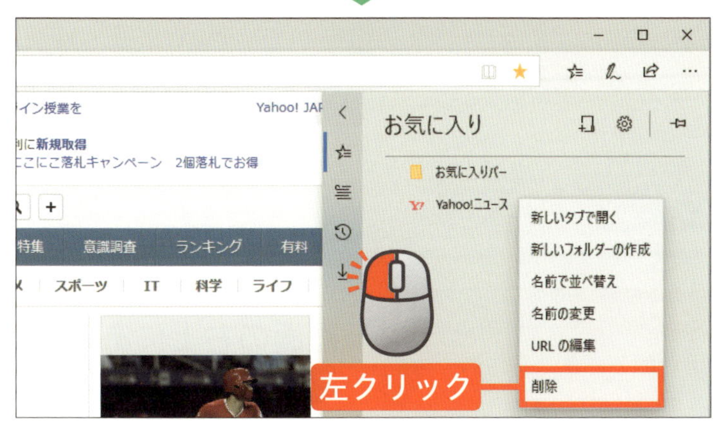

を
左クリックします。

3 登録したお気に入りが削除されました

登録したお気に入りが
削除されます。

アドバイス

お気に入りのメニューを閉じるときは、メニューの外のブラウザー画面のなにもないところを左クリックします。

5章

レッスン

34 ブラウザーを終了しよう

ホームページを見終わったら、ブラウザーを終了しましょう。
ほかのアプリと同じく、☒閉じるボタンで終了します。

1 ブラウザーを終了します

画面の右上にある☒閉じるボタンを左クリックします。

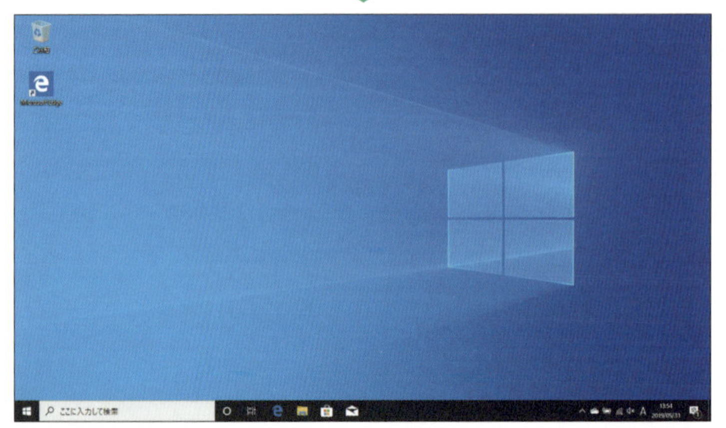

ブラウザーが終了し、デスクトップ画面に戻ります。

ステップアップ

Q 最初に表示されるページをヤフーにしたい！

A 起動時のページの設定をしましょう。

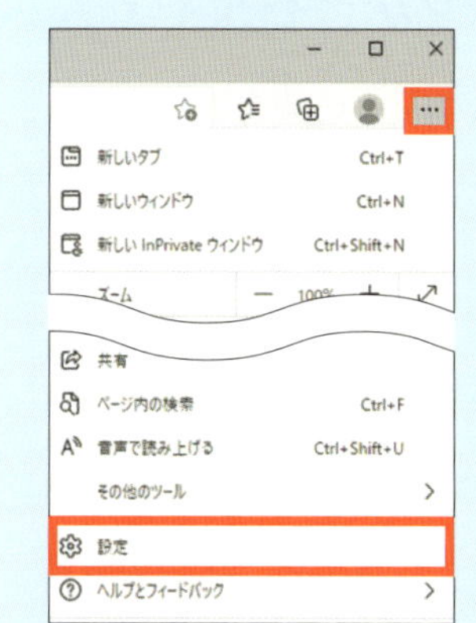

ブラウザーの起動時には、マイクロソフトの「スタート」ページが表示されます。これをヤフーのページに変更できます。

設定は、ブラウザーの右上の … 設定などボタンを左クリックして設定メニューを開き、設定 を左クリックして行います。

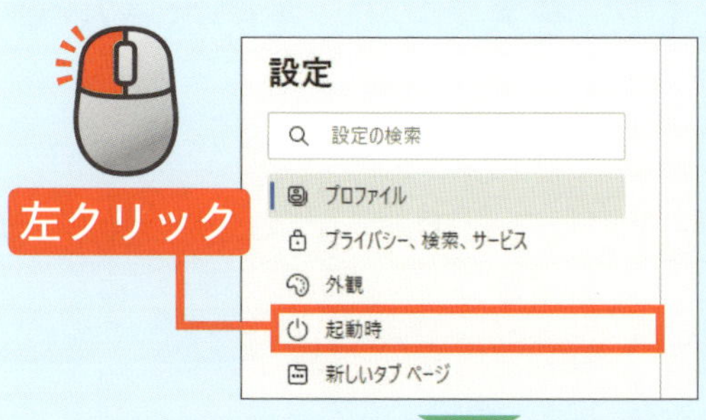

起動時 を左クリックします。

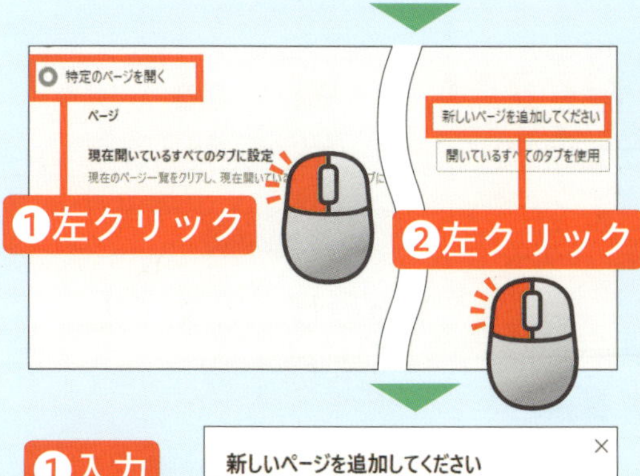

特定のページを開く を左クリックします。

続いて、新しいページを追加してください を左クリックします。

入力欄を左クリックし、「https://www.yahoo.co.jp/」と入力します。

追加 を左クリックします。

ステップアップ

Q URLってなに？

A インターネットのページの住所です。

URL（ユーアールエル）とは、インターネットのページがそれぞれ持っているアドレス（住所）を、決められた形式で表記したものです。
「https://」といった表記ではじまり、会社や学校などの名前、国名などが入っています。
たとえば、ヤフーのページは「https://www.yahoo.co.jp/」となります。
ブラウザーでページを表示すると、上部にあるアドレスバーにそのページのURLが表示されますので、確認しておくとよいでしょう。
また、ブラウザーのアドレスバーに直接URLを入力して、そのホームページを見ることもできます。

6章 インターネットを活用しよう

この章のレッスン

レッスンをはじめる前に

インターネットの地図でいろいろな情報を検索！

インターネットには無料で使えるサービスが数多くあります。その中でもインターネットの**地図**はおすすめです。表示を拡大したり、名所の詳細情報を見たり、便利に使いこなしましょう。

インターネットで好きな動画をたくさん楽しめます

インターネットでは、動画を探して再生することもできます。「ユーチューブ」という動画専用のページでは、世界中から投稿された動画を配信しているので、いつでも好きな動画を楽しむことができます。

テレビと違って、好きなときに再生できるのがいいですね！

6章
レッスン
35
地図を見てみよう

この章の進度

インターネットの地図をブラウザーで利用してみましょう。
ここでは、グーグル マップというサービスを使って、地図を表示します。

ここでの操作

左クリック
24ページ

ドラッグ
27ページ

キー入力
60ページ

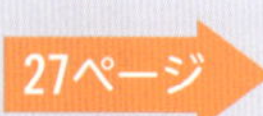

1 ブラウザーを起動します

112ページの方法で、ブラウザーを起動します。

Web を検索 を左クリックします。

半角/全角 を押して、日本語入力モード（62 ページ）に切り替えます。

6章 インターネットを活用しよう

2 グーグル マップを検索します

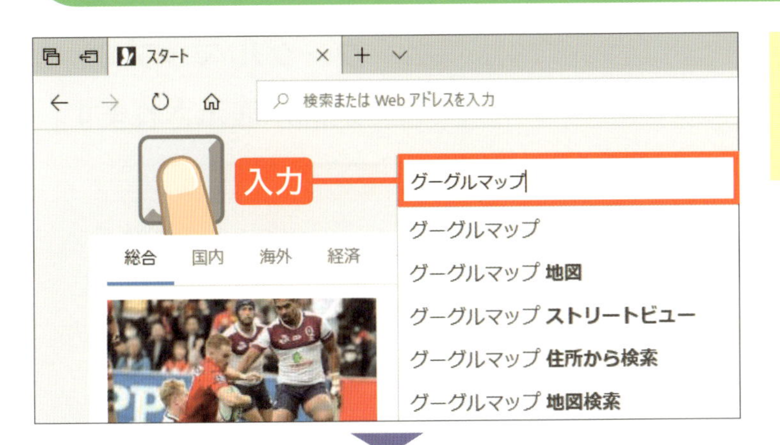

「グーグルマップ」と入力します。

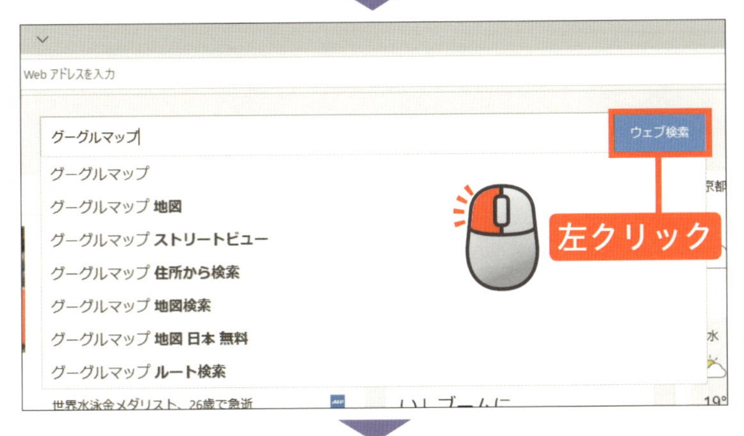

ウェブ検索 または を左クリックします。

検索結果のページが表示されます。

「Google Maps」を左クリックします。

次のページへ

3 地図が表示されました

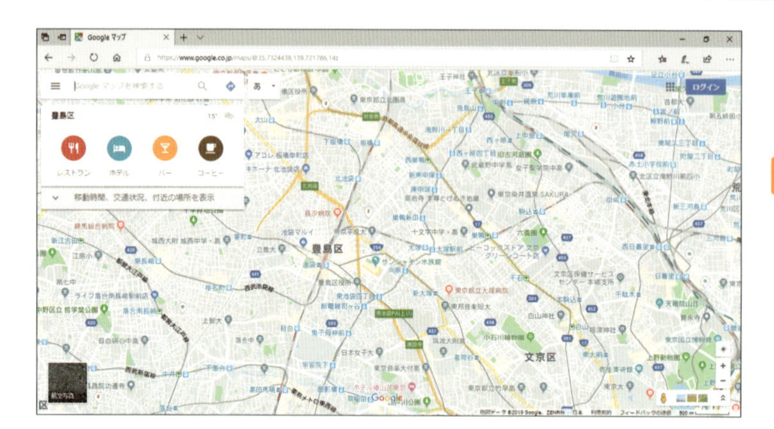

グーグル マップの地図が表示されます。

アドバイス

「Google Chrome を入手」という表示が出たら、「利用しない」を左クリックしましょう。

4 地図を拡大します

右下にある ＋ を左クリックします。

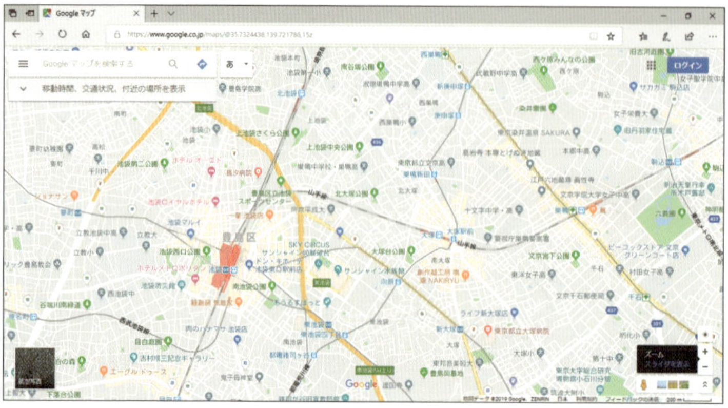

地図の表示が拡大されます。

アドバイス

＋ を左クリックした回数だけ拡大します。

5 地図をドラッグして動かします

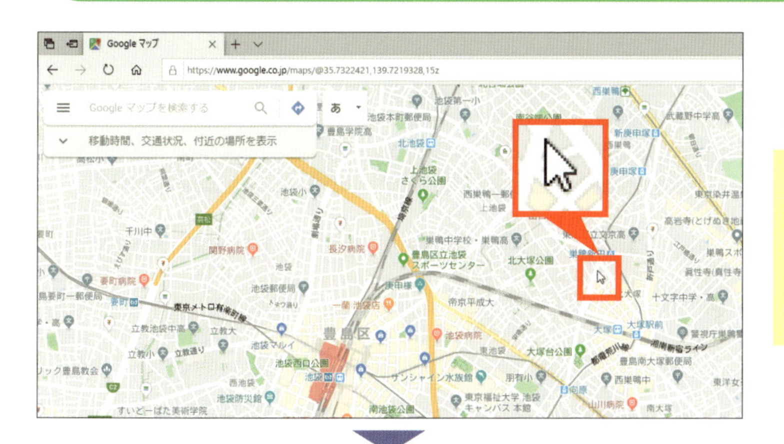

地図のもっと右側を見てみましょう。

地図の上に ポインターを移動します。

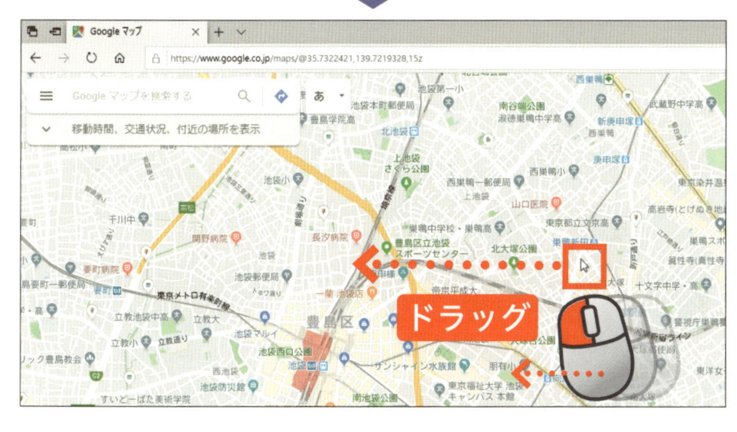

左方向に 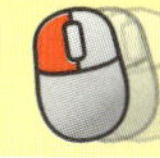 ドラッグします。

6 地図の右側が表示されました

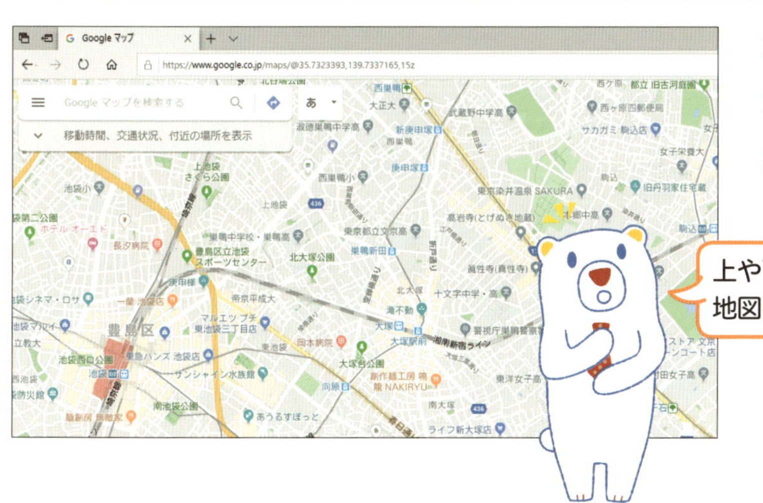

地図が移動し、右側を表示できました。

上や下にもドラッグして、地図を動かしてみましょう！

この章の進度

6章

レッスン 36

地図で見たい場所を検索しよう

グーグル マップでは、場所の名前や住所などを入力すると、その場所の地図や、詳しい情報を見ることができます。

ここでの操作

左クリック

24ページ

ホイールを回す

25ページ

キー入力

60ページ

1 グーグル マップを表示します

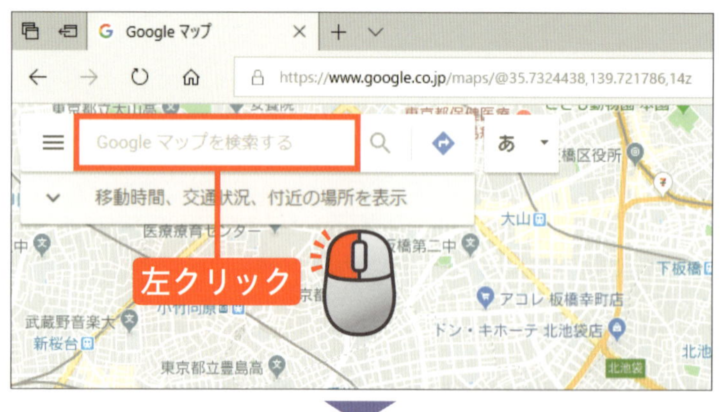

138ページの方法で、グーグル マップを表示します。

Google マップを検索する を左クリックします。

表示したい場所を入力します。

ここでは、「東京タワー」と入力しました。

2 表示したい場所を検索します

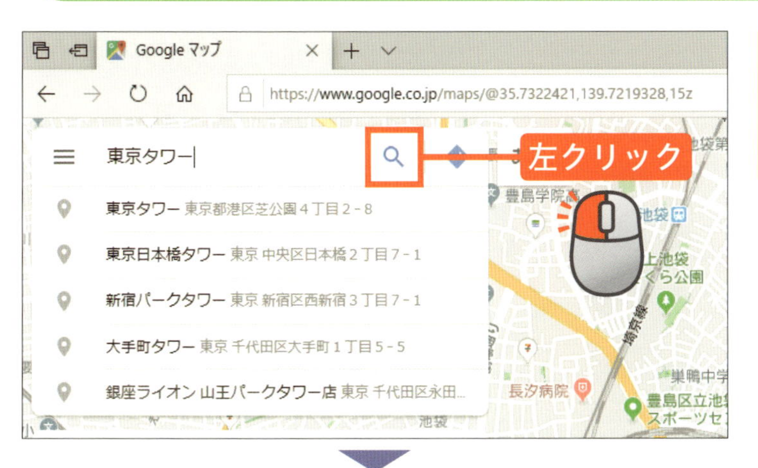

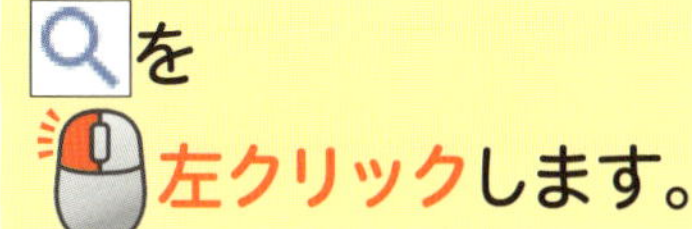
を左クリックします。

目的の場所がマークされて表示されます。

3 場所の詳細を確認します

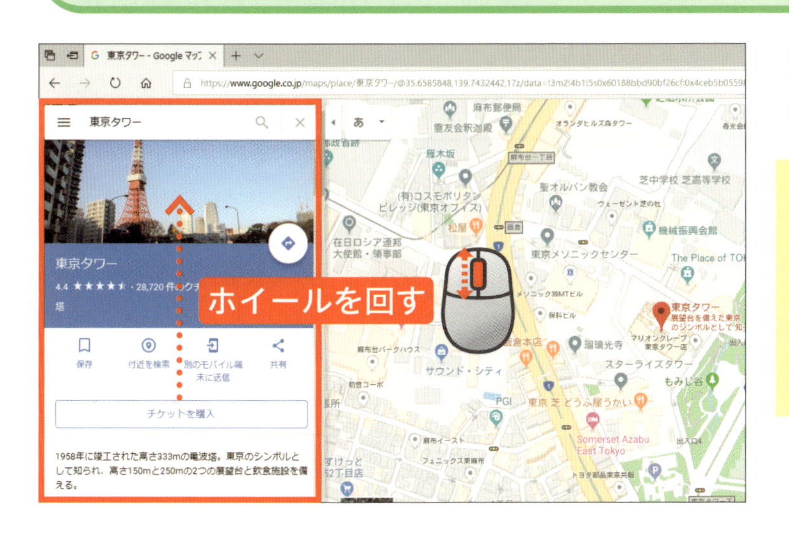

地図の左側に詳細が表示されます。

ポインターを詳細の上へ移動し、ホイールを回します。

4 下側の内容を確認します

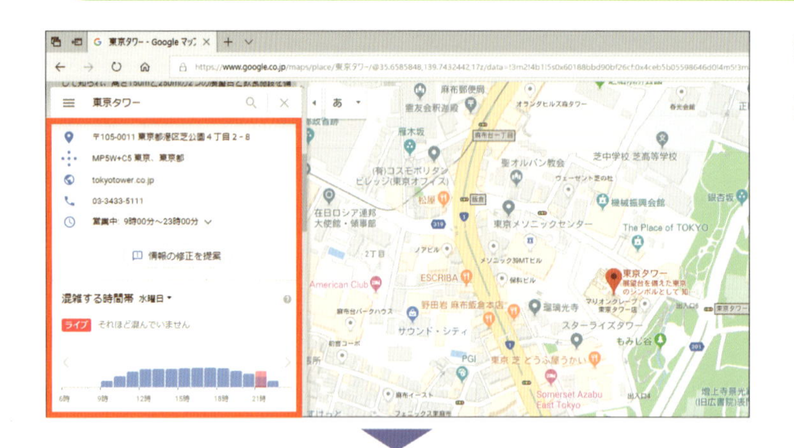

詳細の下側の内容が表示されます。

検索欄の右横にある

を左クリックして詳細を閉じます。

ヒント 気になる場所の情報を見てみよう

地図には、「ホテル」や「レストラン」など、種類別にマークが表示されているので、どこになにがあるかがわかりやすくなっています。

地図上の気になるお店や場所のマークにポインターを合わせると、小さな情報画面がポップアップし、左クリックすると詳細の画面が表示されます。

6章 インターネットを活用しよう

ストリートビューを見てみよう

グーグル マップには、ストリートビューという機能があります。
これは、道路を実際に歩いているかのような目線で、地図を確認できるサービスのことです。
道路を進んだり、その場所の写真を 360 度確認したりすることができます。

地図の右下の人形を左クリックします。

ストリートビューを見たい場所に人形を

ドラッグします。

青い線がストリートビューで確認できる場所です。

ストリートビューが表示されます。

写真上をドラッグすると、周囲を確認できます。

道路上を左クリックすると、その方向に進みます。

6章 レッスン 37

この章の進度

ユーチューブで動画を見よう

インターネットでは、動画を再生することもできます。ここではユーチューブ（YouTube）の画面の見方を確認してから、実際に動画を再生してみます。

ユーチューブのホーム画面の構成

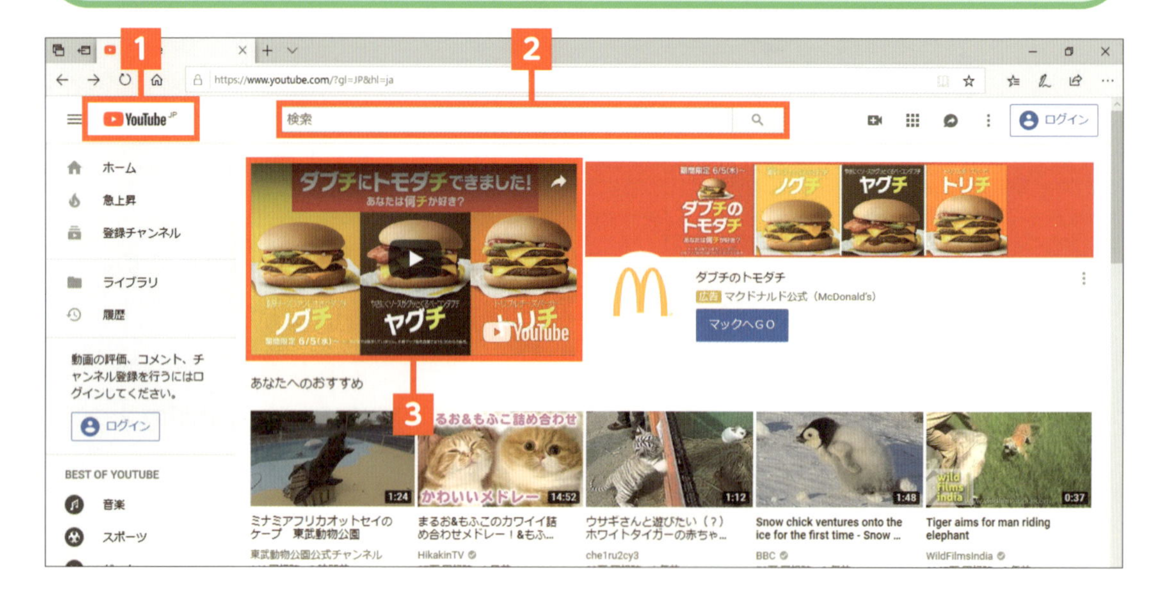

1 YouTube ホーム 

左クリックするとユーチューブの一番最初の画面（この画面）に戻ります。

2 検索バー

キーワードを入力すると、関連した動画を検索することができます。

検索

3 動画

画像を左クリックすると、動画を再生します。音声も流れます。

ユーチューブの再生画面の構成

1 再生中の動画

再生中の動画が表示されます。

2 再生バー

現在の再生位置を確認することができます。バーを左クリックして、好きな位置から再生することもできます。

3 再生／停止ボタン

動画を再生／停止します。

4 次へボタン

再生中の動画を飛ばして、関連する次の動画を再生します。

5 音量ボタン

ポインターを合わせて、右側のスライダーをドラッグすると、音量を調整できます。

6 設定ボタン

画質や再生速度などを設定できます。

7 全画面表示ボタン

動画をパソコンの画面いっぱいに表示します。全画面にするとに変わり、これを左クリックすると元の大きさに戻ります。

8 関連する動画

再生中の動画に関連した動画が表示されます。

1 ブラウザーを起動します

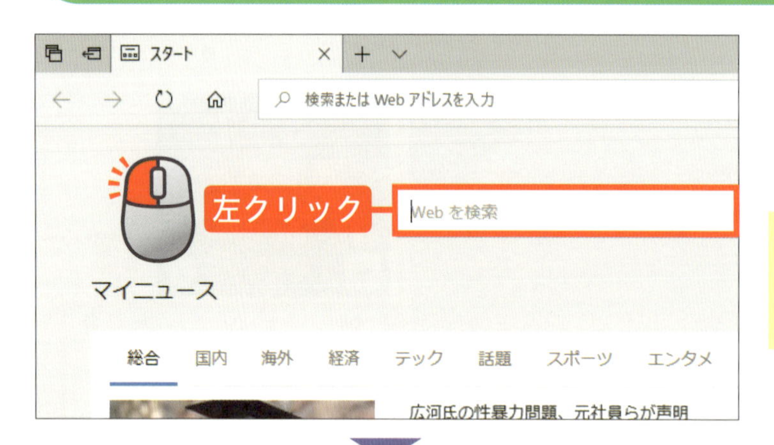

112 ページの方法で、ブラウザーを起動します。

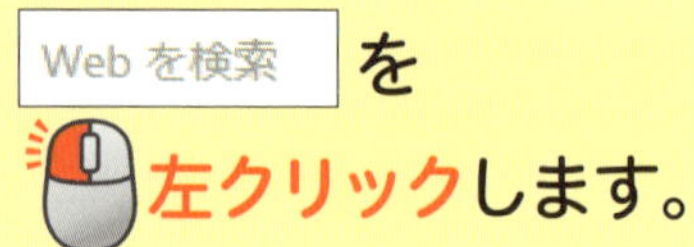

を左クリックします。

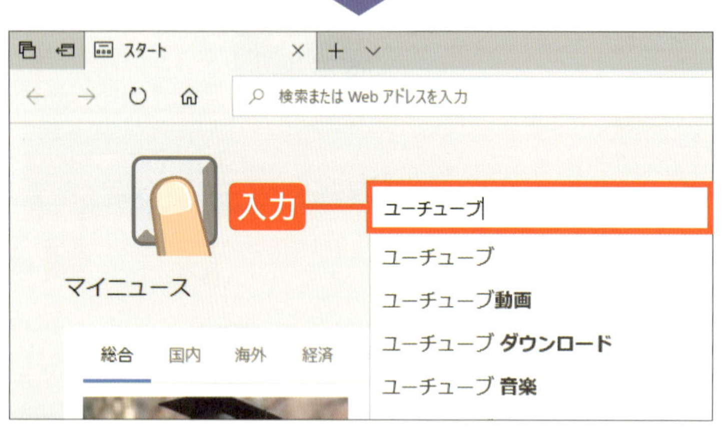

「ユーチューブ」と入力します。

2 キーワードを検索します

ウェブ検索 または を左クリックします。

3 ユーチューブを表示します

検索結果のページが表示されます。

「YouTube」を左クリックします。

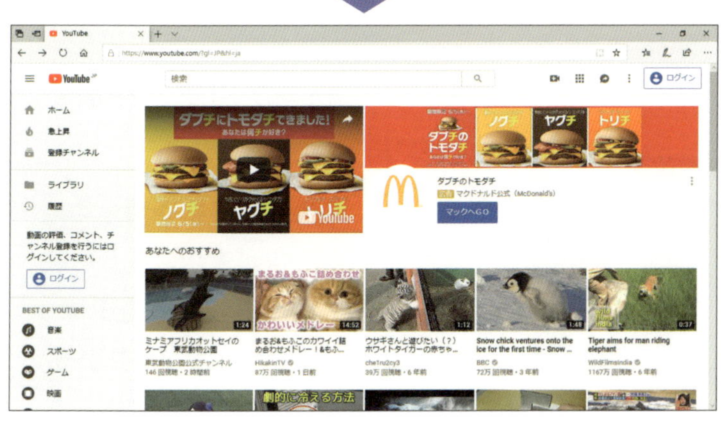

ユーチューブのホーム画面が表示されました。

アドバイス

「Chrome で YouTube 動画を見る」と表示されたら、「いいえ」を左クリックして閉じます。

4 見たい動画を探します

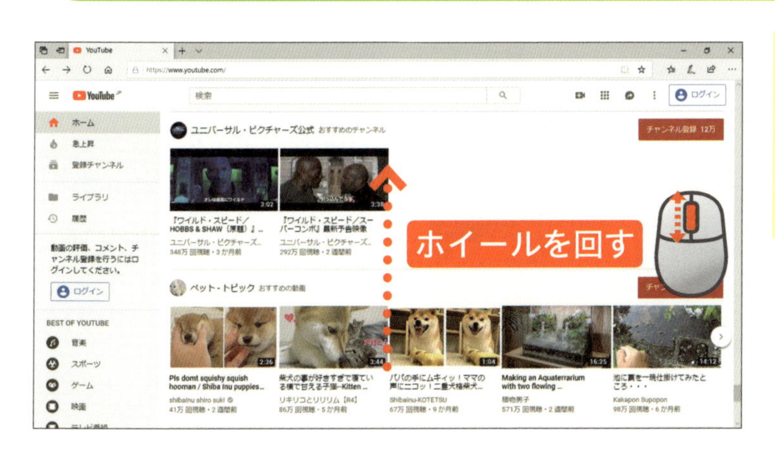

ホーム画面でホイールを回して、見たい動画を探します。

5 動画を再生します

見たい動画を、

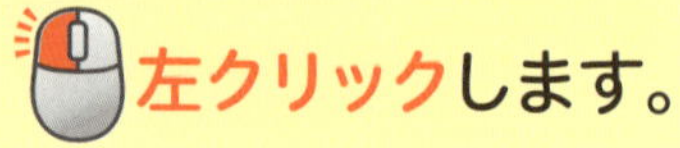

動画が再生されます。

アドバイス

動画の最初や再生中に広告が表示されたら数秒待ち、「広告をスキップ」を左クリックすると、広告が終了します。

この動画の再生が終了します。

アドバイス

動画の上にポインターを移動すると、停止や音量調整などのボタンが表示されます。

6 続けて次の動画が再生されます

自動的に、
関連動画の
一番上の動画が
再生されます。

再生画面に表示される「キャンセル」を左クリックすると、次の動画の再生を停止できます。

7 全画面で再生します

再生画面右下の［全画面］を左クリックします。

アドバイス

「youtube.com が全画面に切り替わりました」という表示が出たら、「OK」を左クリックします。

動画がパソコンの画面全体に表示されます。

解除するときは、再生画面右下の［全画面解除］を左クリックします。

東武動物公園公式チャンネル

6章
レッスン
38
この章の進度

興味のある動画を探そう

今度は、見たい動画を検索してみましょう。動画に関連するキーワードを入力すると、それに合った動画が一覧で表示されます。

ここでの操作

左クリック
24ページ

キー入力
60ページ

1 動画のキーワードを入力します

148ページの方法で、ユーチューブを表示します。

を左クリックします。

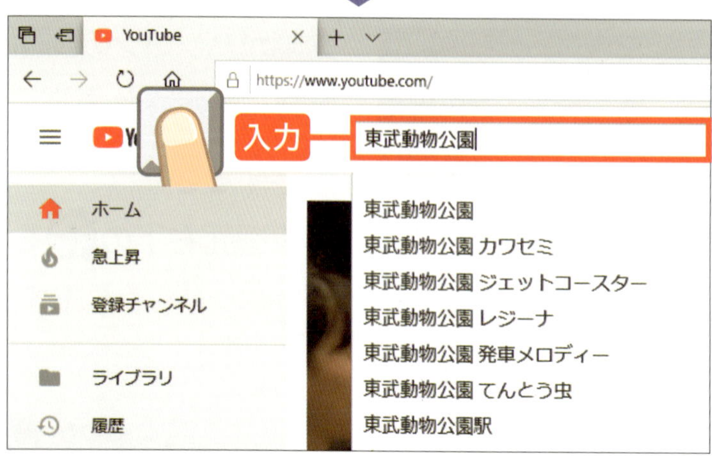

検索したいキーワードを入力します。

ここでは、「東武動物公園」と入力しました。

6章 インターネットを活用しよう

2 動画を検索します

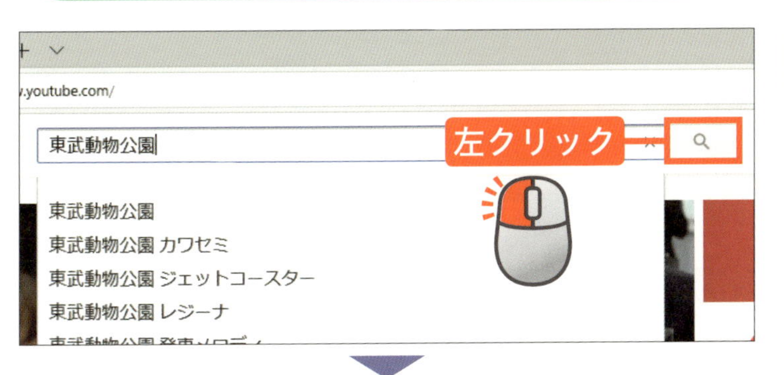

を

左クリックします。

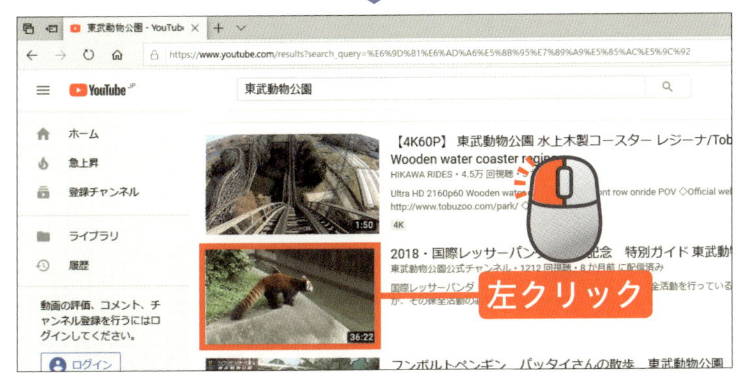

キーワードに

合った動画が

一覧で表示されます。

見たい動画を

左クリックします。

3 動画が再生されます

東武動物公園公式チャンネル

動画の再生が

はじまります。

動画の中に、小さな広告が表示されることがあります。邪魔なら、広告内の ✕ を左クリックして消しましょう。

6章 レッスン 39

この章の進度

ホームページを印刷しよう

ブラウザーで表示しているホームページを印刷したいこともあるでしょう。パソコンに接続したプリンターの電源を入れて、紙をセットしておきます。

1 印刷メニューを表示します

112 ページの方法で、ブラウザーを起動し、116 ページの方法で、印刷したいページを表示します。

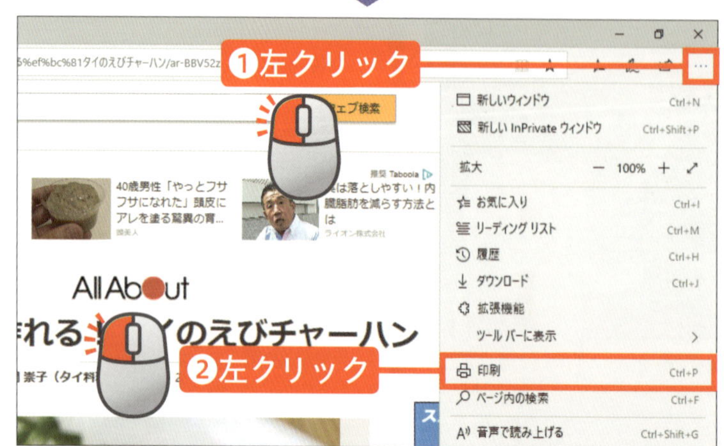

… 設定などボタンを左クリックします。開いたメニューの 印刷 を左クリックします。

② プリンターを選択します

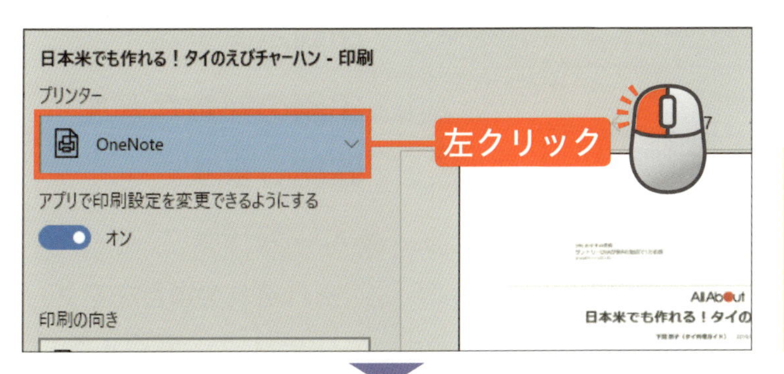

印刷のウィンドウが表示されました。

プリンター のすぐ下の欄を左クリックします。

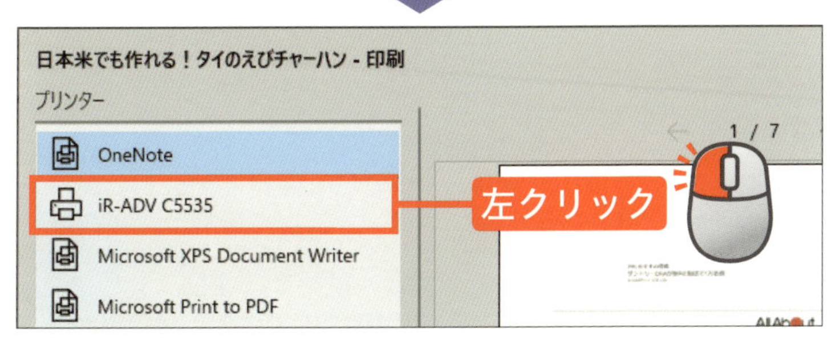

接続したプリンター名を左クリックして選択します。

③ 印刷のイメージを確認します

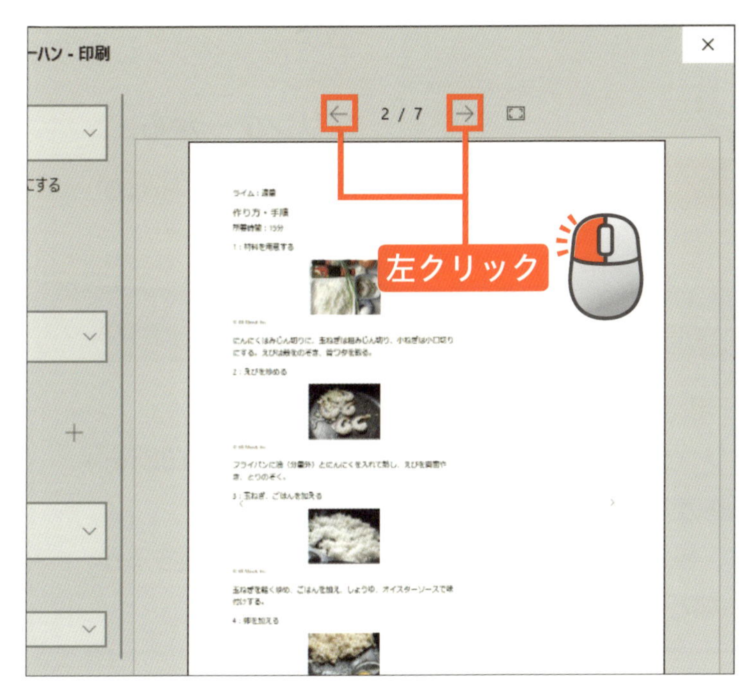

←や→を左クリックして、すべてのページの印刷のイメージを確認します。

アドバイス

ブラウザーのバージョンによっては、ウィンドウ右端にある縦スクロールバーでページ移動します。

次のページへ

4 そのほかの設定を確認します

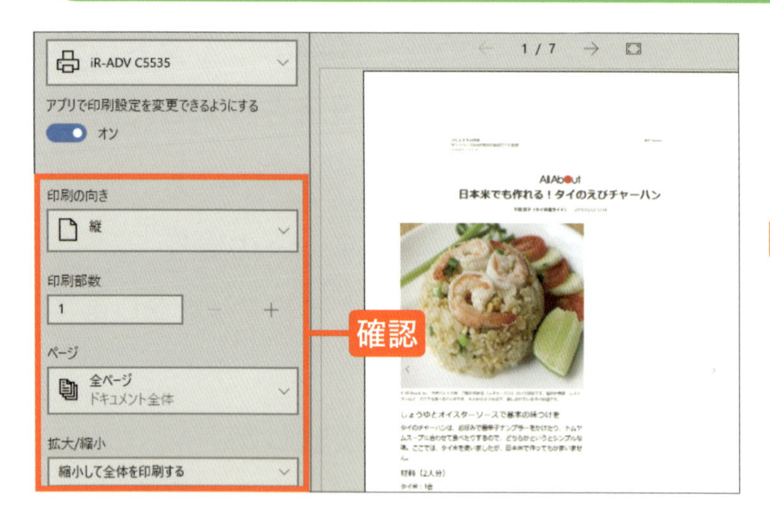

印刷の向きや、
印刷の部数などを
確認します。

アドバイス

それぞれの項目を左クリックして、変更することができます。

5 印刷をします

最後に、一番下の
印刷 を
左クリックします。

プリンターから
印刷された用紙が
出ます。

ヒント 印刷に必要なものはなに？

印刷には、「プリンター」と「用紙」が必要です。
プリンターを用意したら、パソコンに接続して使えるように設定します。印刷をする前には、プリンターに用紙を差し込んでおきましょう。
プリンターの設定については、機種によって異なります。詳しい人に相談するか、購入したお店の設定サポートなどを利用するようにしましょう。

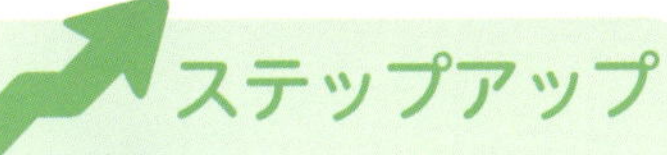

Q 2つのホームページを見比べたい！

A タブを使って2つのホームページを表示しましょう。

インターネットで調べものをしていて、別のホームページと内容を見比べたい、ということもあります。
そんなときは、「タブ」機能を使いましょう。横のタブに表示するページを増やせるので、複数のページをタブで切り替えて見比べることができます。

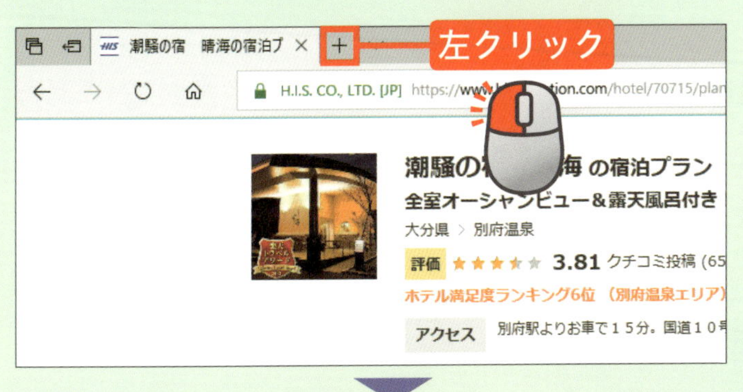

ブラウザー上部の＋を左クリックします。

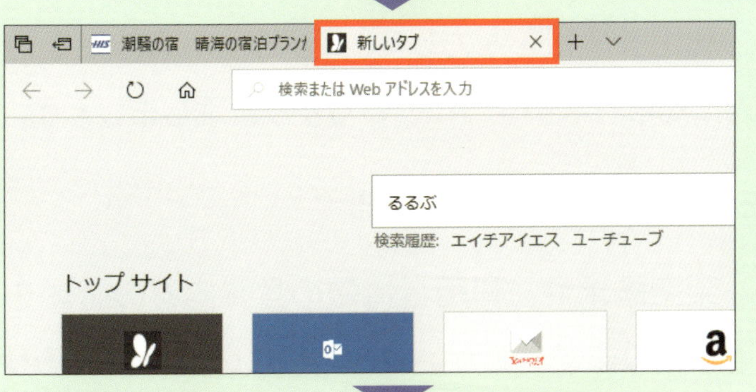

隣にタブが追加されます。新しいタブの画面で、通常と同じようにホームページを表示します。

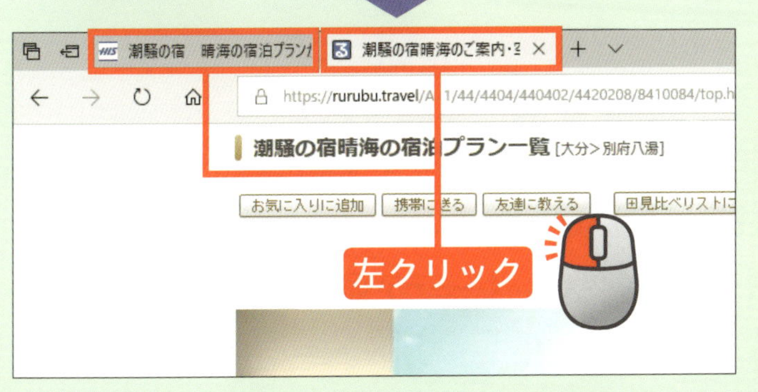

それぞれのタブを左クリックすると、ホームページが切り替わります。

ステップアップ

Q インターネットの危険を避けるにはどうしたらいい？

A 怪しいページを見たり情報を入力したりしないようにしましょう。

インターネットが広く普及して、買い物ができたり、旅行の予約ができたりが普通のことになっています。それにともなって詐欺ページでお金やクレジットカードの個人情報をだまし取ったり、パソコンをコンピューターウイルスに感染させるページに誘導したりするなどのサイバー犯罪が増えてきています。

インターネットを利用するときには、こういった危険に巻き込まれないように、注意をしておくことが大切です。

最低限、次の２つはしっかり守っておきましょう。

❶ パスワードはしっかり管理する

買い物をするページなどでは、利用者情報を入力して、パスワードの設定を行います。パスワードはほかの人に知られないように、しっかり管理しましょう。

❷ 怪しいメールのリンクは左クリックしないようにする

知らないメールアドレスから、架空請求や、利用者情報の登録内容の確認を求める怪しいメールが届くことがあります。こういったメールの文面にあるリンクを左クリックしないようにしましょう。

サイバー犯罪については、全国の警察署がさまざまな情報を発信しています。「サイバー犯罪」＋「お住まいの都道府県」のキーワードで検索すると、各都道府県の警察のサイバー犯罪対策のページが見つかりますので、情報を見ておくとよいでしょう。

7章

電子メールを使おう

この章のレッスン

レッスンをはじめる前に

電子メールは離れた相手とやり取りできます

電子メール（以降はメールといいます）なら、遠く離れた相手と瞬時にやり取りができます。メールの使い方は、送りたい相手のメールアドレスと伝えたい内容を入力して、送信ボタンを押すだけです。

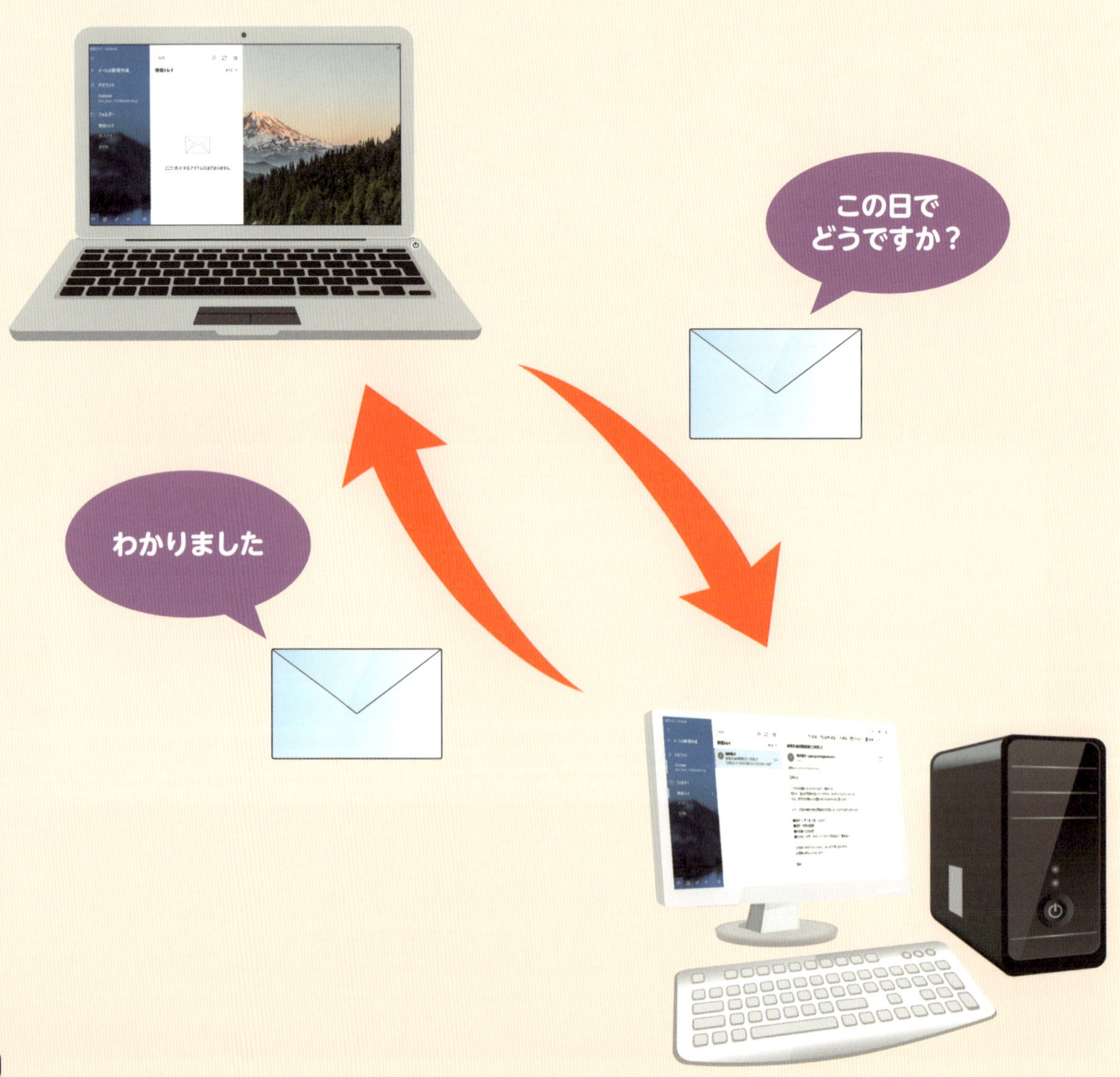

メールアドレスは郵便の宛名にあたります

メールのやり取りには、メールアドレスが必要です。手紙に置き換えると「宛名」にあたります。メールアドレスは、メールサービスを運営する会社（マイクロソフトなど）と契約して取得します。

これが
メールアドレス
です

taro_kudo_1234@outlook.jp

電子メールの送信／受信の仕組みを知ろう

相手から自分宛てに送られたメールは、自分が契約しているメールサービス会社に預けられます。受信するときは、パソコンのメールアプリで、メールサービス会社に預けられたメールを受け取ります。

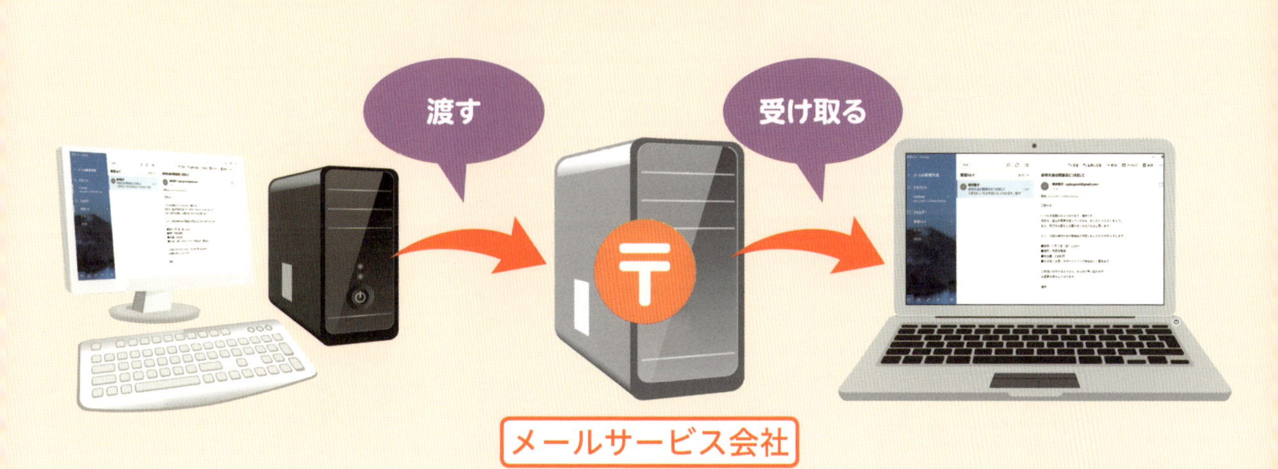

7章 レッスン 40

この章の進度★

メールアプリを起動しよう

パソコンには、メールアプリが標準で搭載されています。
まずはこれを起動して、自分のメールアドレスを設定しましょう。

ここでの操作

左クリック 24ページ

キー入力 60ページ

1 メールアプリを起動します

タスクバー（20 ページ）にある、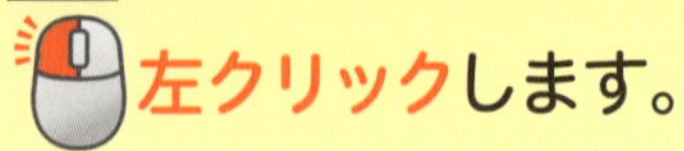を左クリックします。

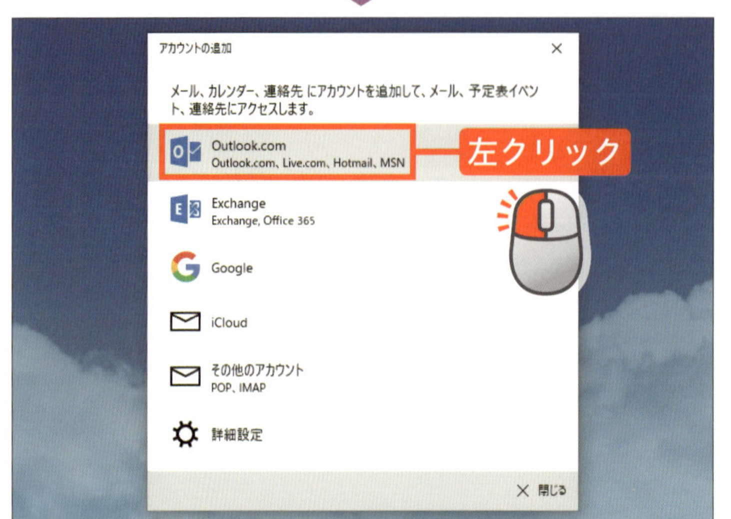

追加したいメールアドレスの種類を選択します。

ここでは、「Outlook.com」を左クリックします。

2 メールアドレスを入力します

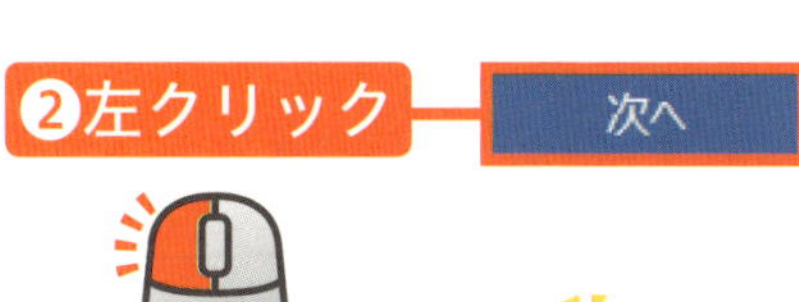

「outlook.jp」（マイクロソフトアカウント）のメールアドレスを入力してください。お持ちでない場合は付録②で取得できます。

3 パスワードを入力します

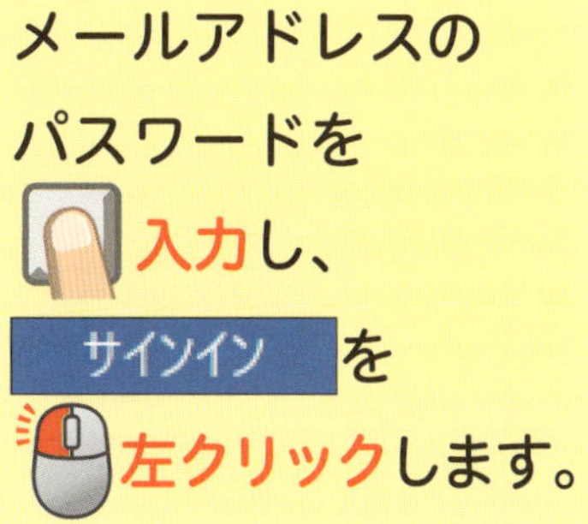

ここでは、outlook.jp（マイクロソフトアカウント）のパスワードを入力します。

次のページへ

4 メールアドレスの登録が完了しました

メールアドレスが
登録されました。

を
左クリックします。

5 表示を最大化します

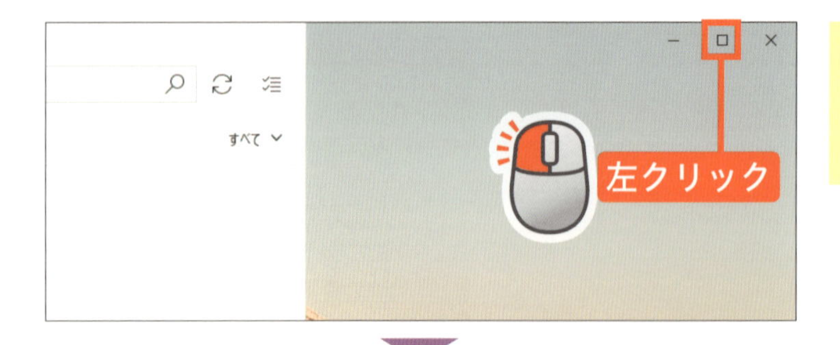

最大化ボタンを
左クリックします。

メールアプリが
パソコンの
画面いっぱいに
表示されます。

メールアプリの各部の名前と役割

1 メールの新規作成

左クリックすると、新しいメールの作成画面が表示されます。

2 受信トレイ

左クリックすると、受け取ったメールのリストを右横のメッセージリストに表示します。

3 メッセージリスト

メールの一覧が表示されます。

4 メール

左クリックすると、メールの内容を右横の閲覧ウィンドウに表示します。

5 閲覧ウィンドウ

開いたメールの内容が表示されます。返信や削除などの操作もできます。

6 返信ボタン

表示しているメールに対して、返信したいときに使います。

7 削除ボタン

表示しているメールを削除します。

この章の進度

届いたメールを読もう

自分宛てのメールを受け取ったら、さっそく内容を確認してみましょう。
受け取ったメールは、「受信トレイ」に入っています。

ここでの操作

左クリック

24ページ

1 メールアプリを起動します

162ページの方法で、
メールアプリを
起動します。

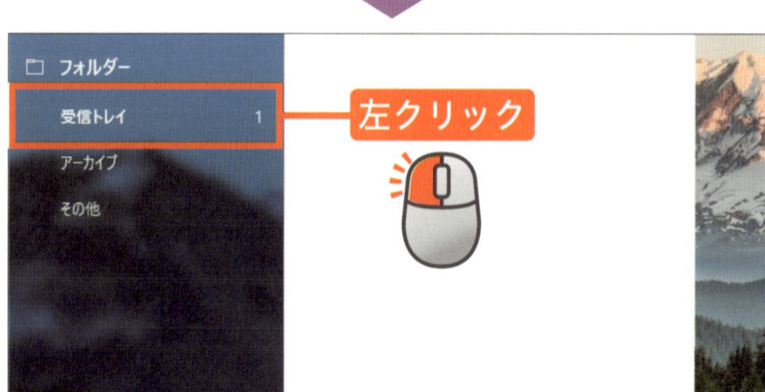

受信トレイ を
左クリックします。

2 メールを受信します

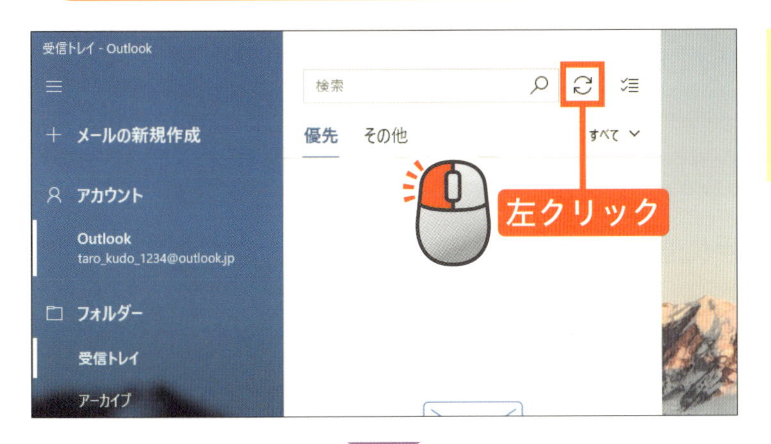

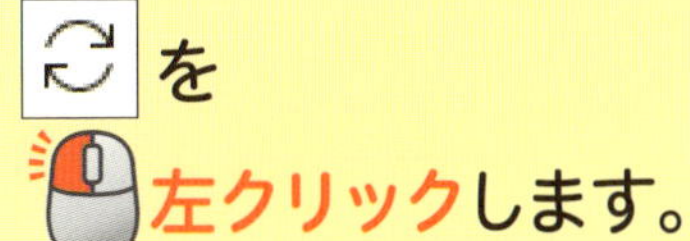を

左クリックします。

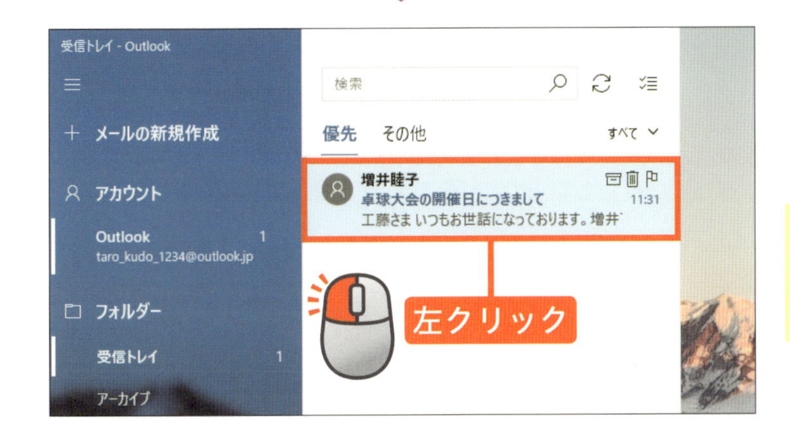

受信トレイにメールが受信されます。

読みたいメールを

左クリックします。

3 メールの内容が表示されました

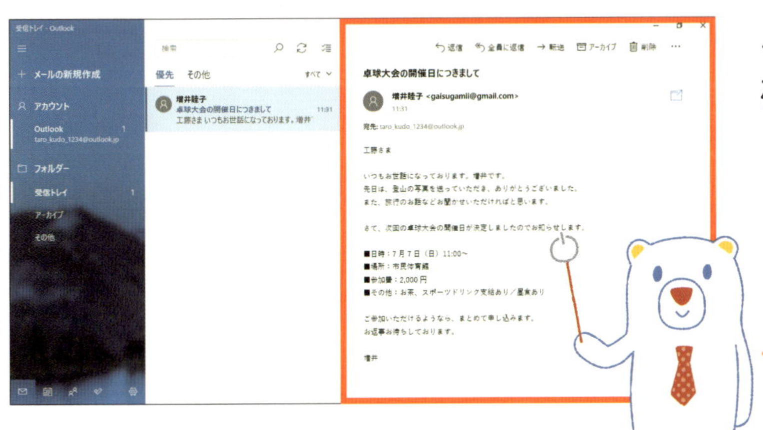

メールの内容が確認できます。

7章 レッスン 42

この章の進度

メールを送ろう

メールを自分で書いて、相手に送ってみましょう。
宛先、題名、メールの内容を入力して、送信します。

ここでの操作

左クリック

24ページ

キー入力

60ページ

1 メール作成画面を表示します

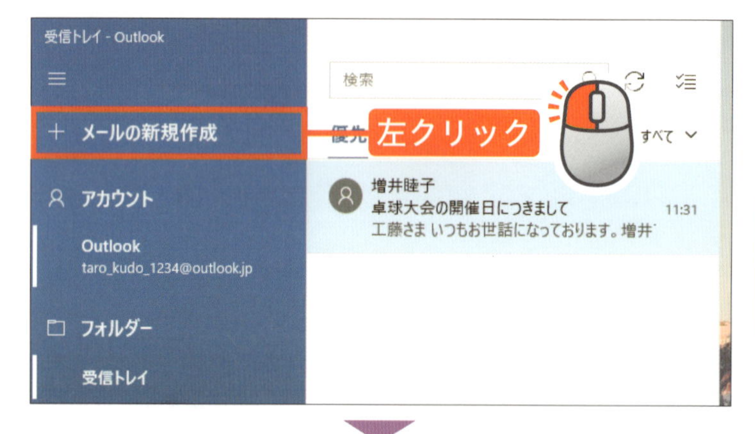

162ページの方法で、メールアプリを起動します。

＋ メールの新規作成 を左クリックします。

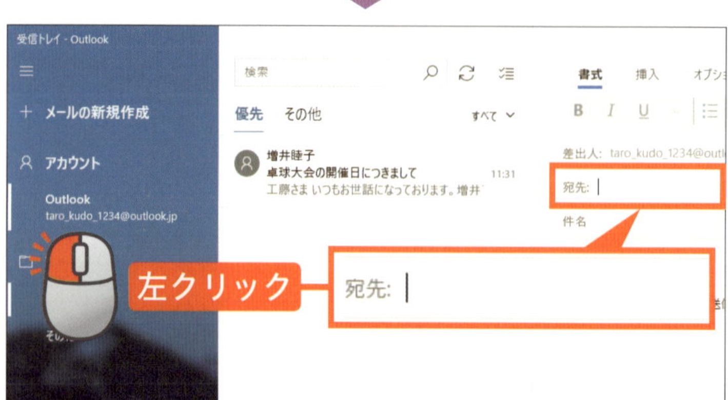

一番右側にメールの作成画面が表示されます。

宛先: の右側の欄を左クリックします。

2 宛先のメールアドレスを入力します

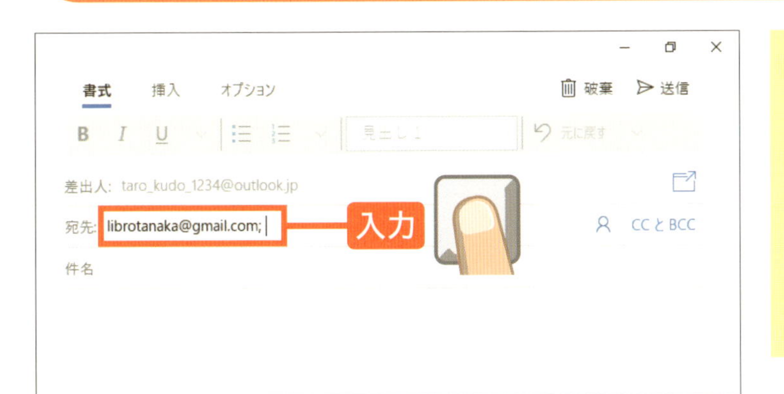

相手のメールアドレスを入力します。最後に Enter を押して確定します。

3 件名を入力します

件名 を左クリックします。

件名（メールの題名）を入力します。

次のページへ

4 メールの本文を入力します

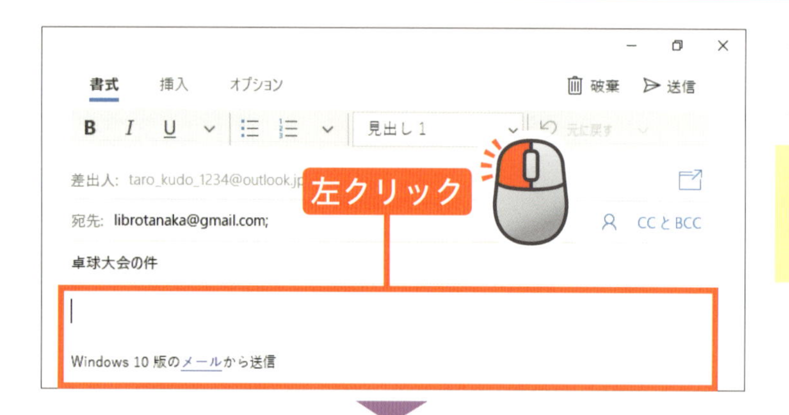

件名の下が、
本文を書く欄です。

件名の下を
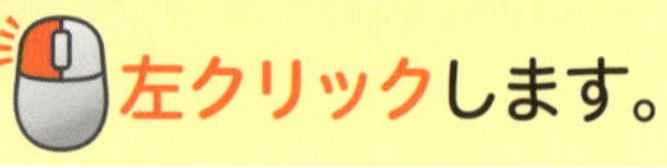
左クリックします。

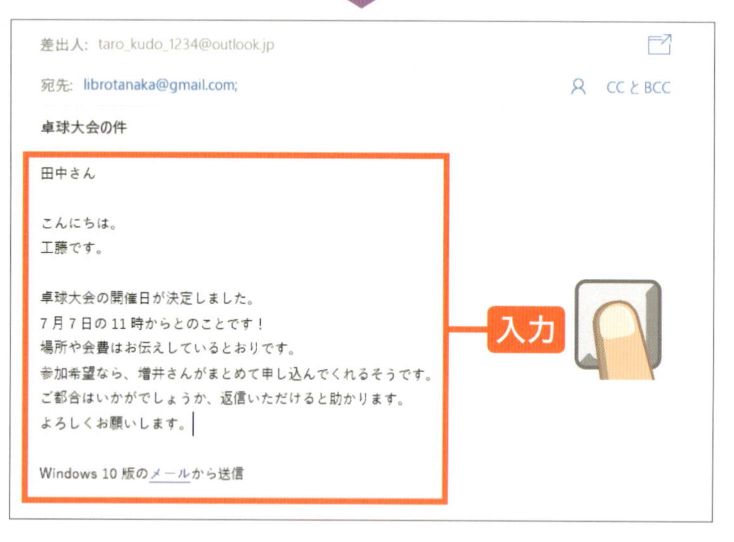

メールの本文を
入力します。

5 メールを送信します

宛先、件名、内容に
問題がないか確認し、
画面右上の
送信 を
左クリックします。

6 メールが送信されました

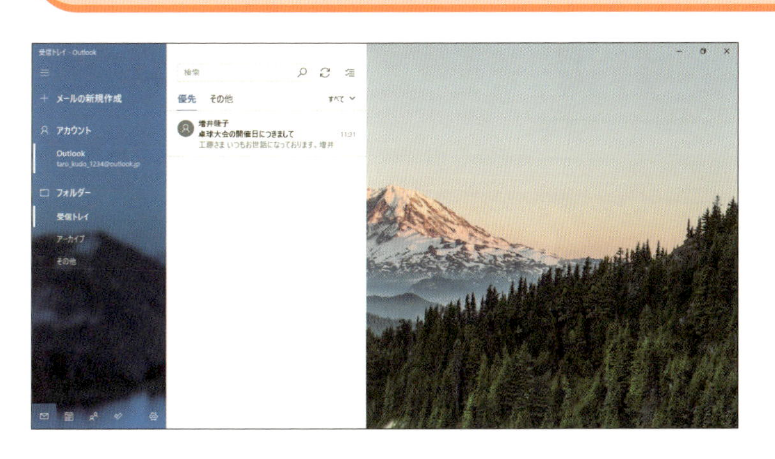

メールが送信され、メール作成画面が閉じます。

受信したメールに返信するには？

受信したメールに対して返信をしたいときは、受信したメールを表示した状態で、 返信 を 左クリックしましょう。
これで宛先に相手のメールアドレスが入った状態で、メールの作成画面になります。
件名の最初には、返信を示す「RE:」という文字が自動的に入ります。
また、元のメールの内容も本文に引用されているので、どのメールに対しての返信か、相手にもわかりやすくなります。

7章 レッスン 43

この章の進度

メールを削除しよう

受信トレイのメールが増えてくると、残しておきたくないメールも出てきます。そんなときは、受信トレイから削除してしまいましょう。

ここでの操作

ポインターの移動

24ページ

左クリック

24ページ

1 削除するメールを表示します

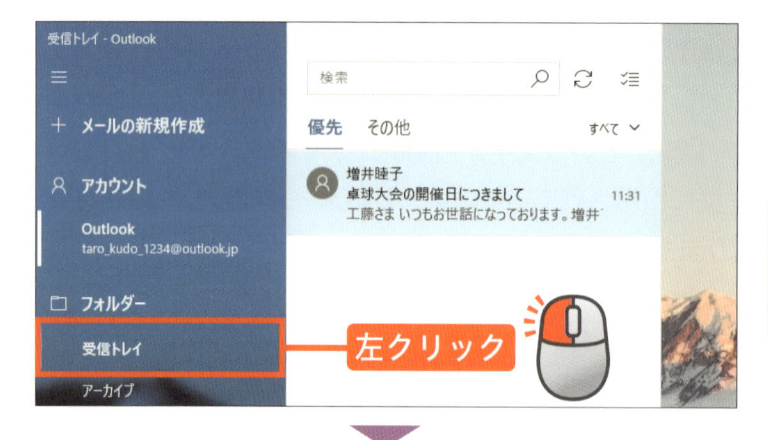

162ページの方法で、メールアプリを開きます。

受信トレイを左クリックします。

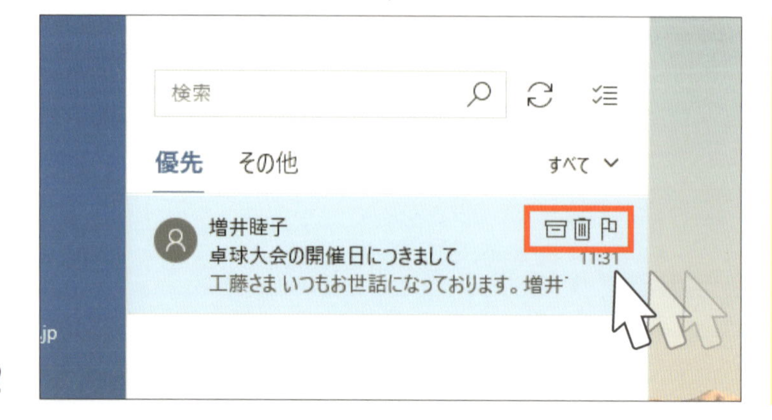

削除したいメールの上にポインターを移動すると、

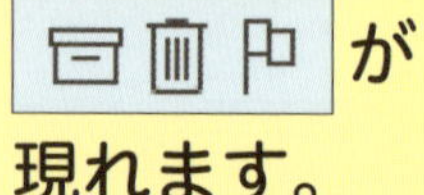

が現れます。

2 メールを削除します

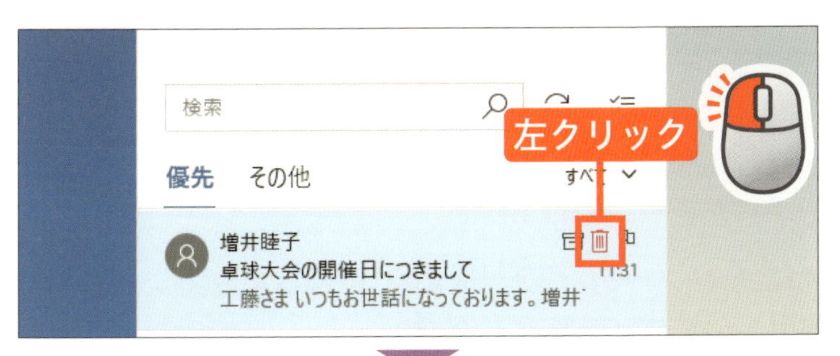

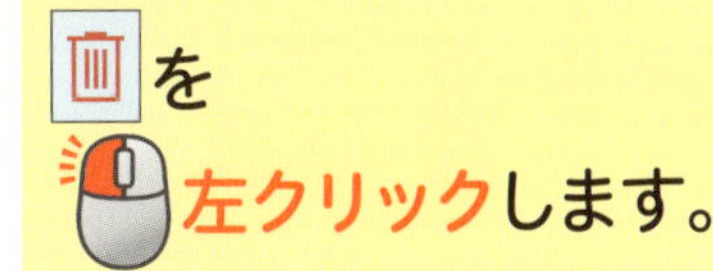

を左クリックします。

メールが削除されました。

ヒント 削除したメールはごみ箱に移動しています

受信トレイから削除したメールは、メールアプリ内のごみ箱に移動しています。メールアプリのごみ箱は、画面左端の フォルダー を左クリックして、右側に開いたメニューで ごみ箱 を左クリックすると確認することができます。なお、ごみ箱のメールは、画面左端の 受信トレイ にドラッグすると戻せます。

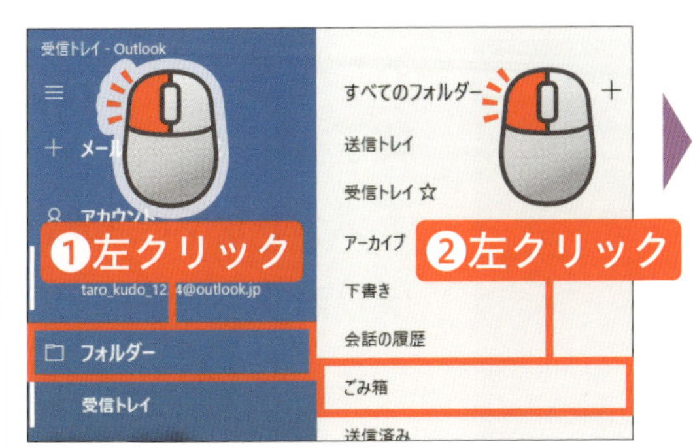

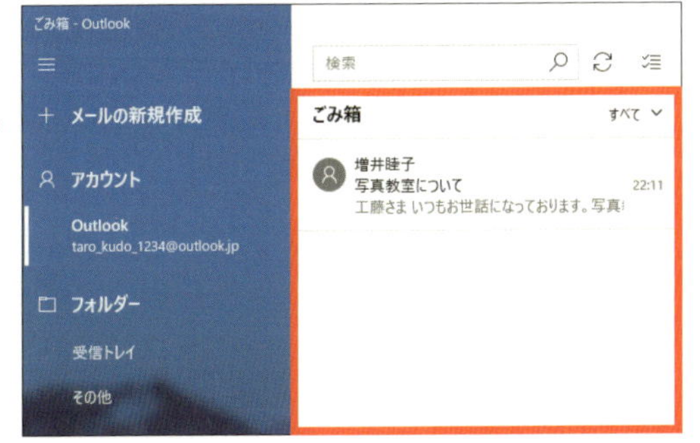

終わり

7章 レッスン 44

この章の進度

メールアプリを終了しよう

メールの閲覧や送信が終わったら、メールアプリを終了しましょう。
ほかのアプリと同じく、☒ 閉じるボタンで終了します。

ここでの操作

左クリック

24ページ

1 メールアプリを終了します

画面の右上にある ☒ 閉じるボタンを 左クリックします。

メールアプリが終了し、デスクトップ画面に戻ります。

Q メールを検索したい！

A 検索ボックスから検索しましょう。

受信トレイ内のメールの数が増えると、読みたいメールが見つけづらくなります。そんなときは、検索ボックスでメールを探しましょう。
送信者の名前や件名の一部などを、キーワードとして入力すると、キーワードに合致するメールが表示されます。

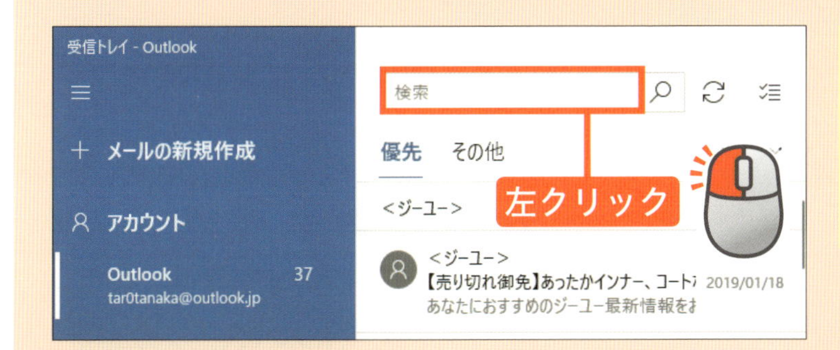

メールアプリ上部の 検索 を 左クリックします。

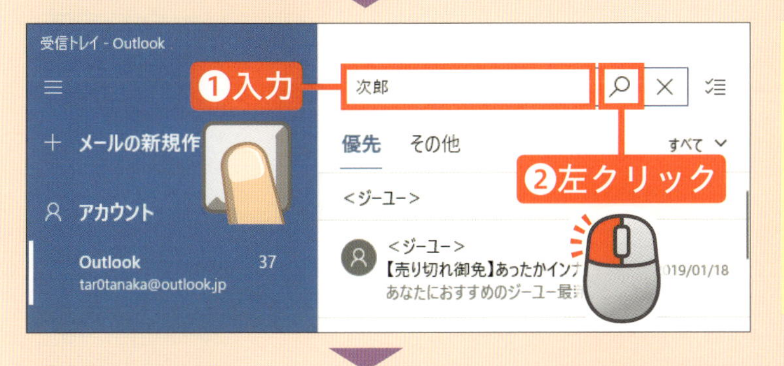

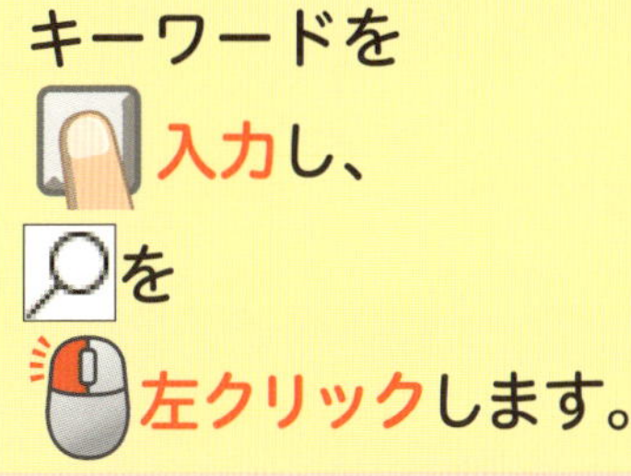

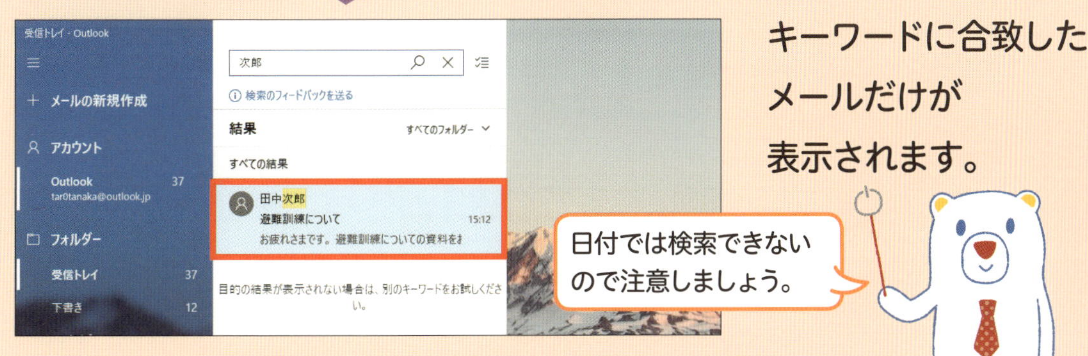

キーワードに合致したメールだけが表示されます。

ステップアップ

Q 怪しいメールが届いたらどうしよう？

A 迷惑メールに移動しましょう。

メールを使う際に特に注意したいのが、「フィッシング詐欺」メールです。これは、もっともらしい文面や緊急を装う文面で、口座番号やクレジットカード番号などを盗み取ろうとするメールのことです。

送信相手を確認し、怪しいメールは開かないこと、個人情報は安易に入力しないことが大切です。

このメールを「迷惑メール」に移動しておけば、同じ宛先からのメールは受信トレイに表示されなくなります。

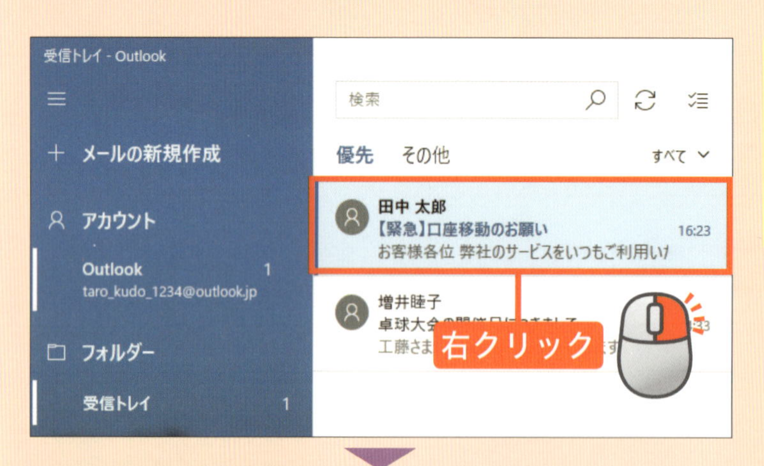

移動したいメールのタイトルを、右クリックします。

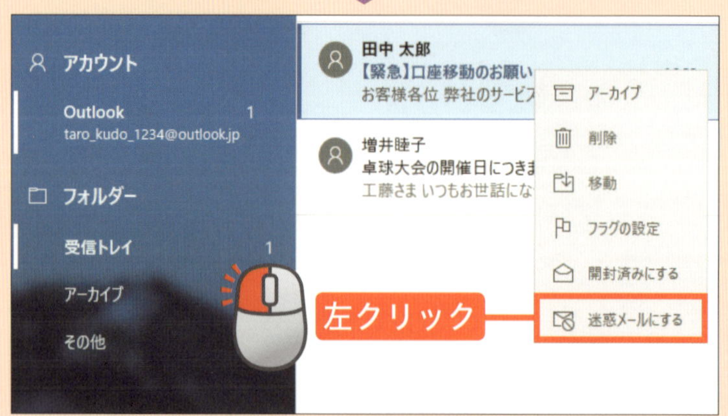

迷惑メールにする を左クリックします。

8章

スマホから写真を取り込もう

この章のレッスン

レッスンをはじめる前に

スマホで撮影した写真はパソコンに取り込めます

スマホ（スマートフォン）で撮影した写真を、もっと大きな画面で見たいと思ったことはありませんか？ パソコンとスマホをUSBケーブルでつなぐとフォトアプリを使って簡単に写真を取り込めます。

撮影した写真をパソコンに取り込んで保存しておくと、思い出をまとめておけます！

パソコンに
保存できます

写真の表示／削除／印刷ができます

フォトアプリは、写真をパソコンの大画面で表示できるのはもちろん、回転させたり、不要な写真を削除したりできます。プリンターを使えば、写真を印刷することもできます。また、お気に入りの写真をデスクトップ画面の壁紙にもできます。

印刷するには、プリンターと、写真用の印刷用紙が必要です。

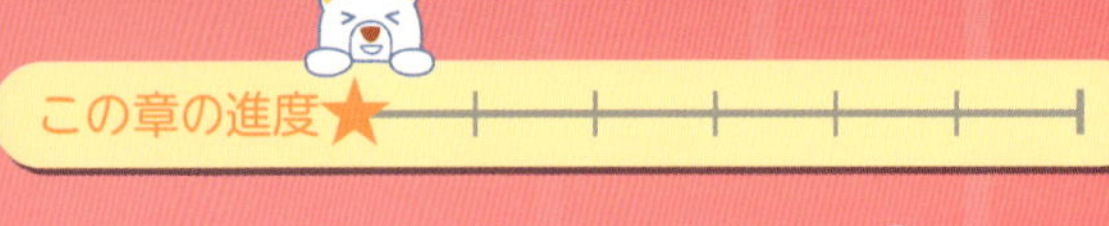

スマホの写真を取り込もう

スマホで撮影した写真を、パソコンに取り込んでみましょう。USB ケーブル（スマホに付属していることが多いです）で接続して、操作します。

左クリック

24ページ

1 スマホをパソコンに接続します

パソコンとスマホの電源を入れて、USB ケーブルで接続します。

正しく接続されると、パソコンの画面にメッセージが表示されます。

アドバイス

メッセージの内容は、スマホによって異なります。

ヒント スマホ側の表示は「許可」をタップしよう

パソコンに接続すると、スマホ側の画面には「このコンピュータに接続することを許可しますか？」という旨のメッセージが表示されます。「はい」や「許可」をタップしましょう。

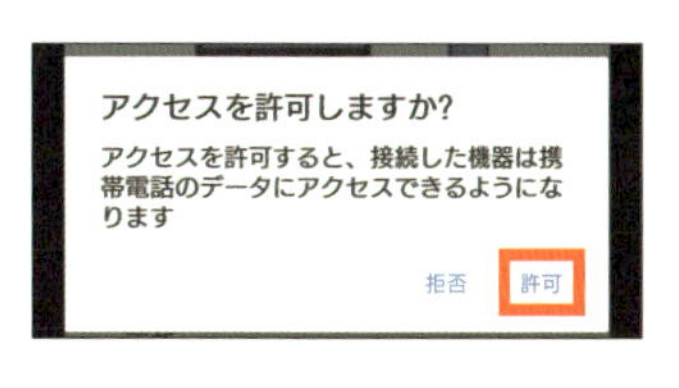

2 フォトアプリを起動します

30ページの方法で、スタートメニューを表示します。

を左クリックします。

フォトアプリが起動します。

「サインインする方法」などのメッセージが表示されたら、「×」や「キャンセル」を左クリックして閉じましょう。「フォトへようこそ」画面が表示されたら、「承諾」を左クリックします。

次のページへ

3 写真を取り込む操作をします

画面右上の

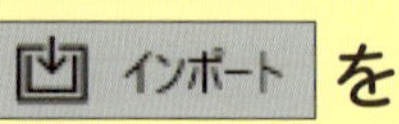

を

左クリックします。

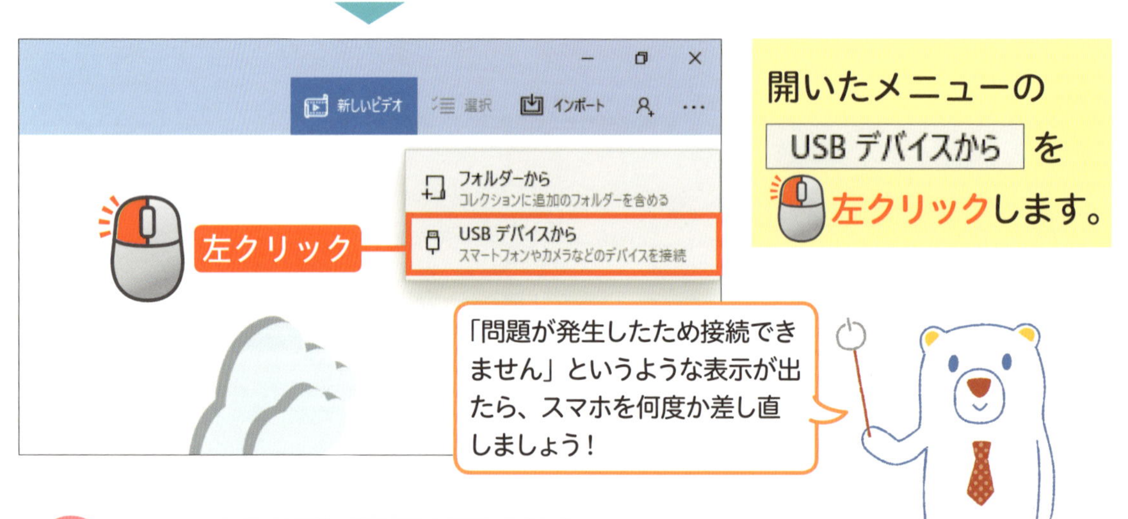

開いたメニューの

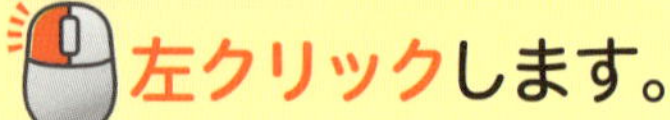

を

左クリックします。

4 取り込む写真を決定します

取り込む写真を選択する画面が表示されます。

すべて選択 を

左クリックします。

アドバイス

最初からすべて選択された状態で、この画面が開くときもあります。

5 写真を取り込みます

選択した項目のインポート を左クリックします。

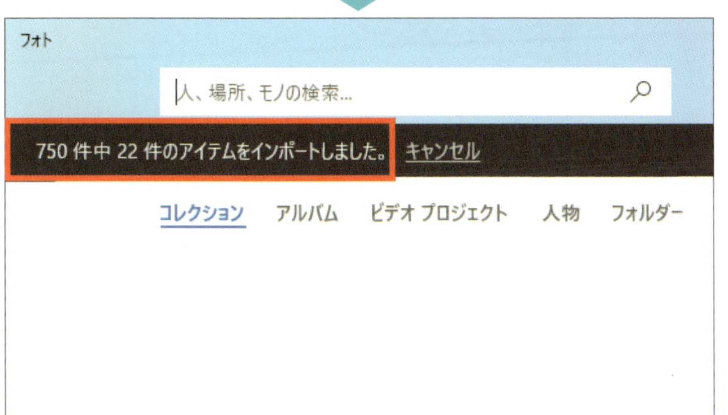

写真の取り込みがはじまります。すべて取り込むまで待ちます。

6 写真が取り込まれました

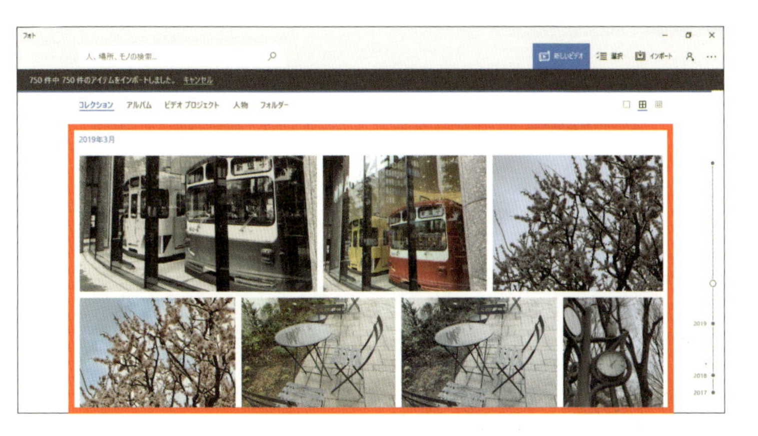

取り込まれた写真が表示されます。

8章 レッスン 46

この章の進度

写真を表示しよう

スマホからパソコンに取り込んだ写真を、**パソコンの画面で見てみましょう**。フォトアプリで見ることができます。

ここでの操作

ポインターの移動

24ページ

左クリック

24ページ

ホイールを回す

25ページ

1 フォトアプリを起動します

183 ページから続けて操作します。

フォトアプリ上に **ポインターを移動**し、**ホイールを回して**、表示したい写真を探します。

2 表示したい写真を選択します

表示したい写真を、
左クリックします。

3 写真が大きく表示されました

写真が
大きく表示されます。

写真の右側に
ポインターを移動し、
＞ が表示されたら
左クリックします。

4 次の写真が表示されました

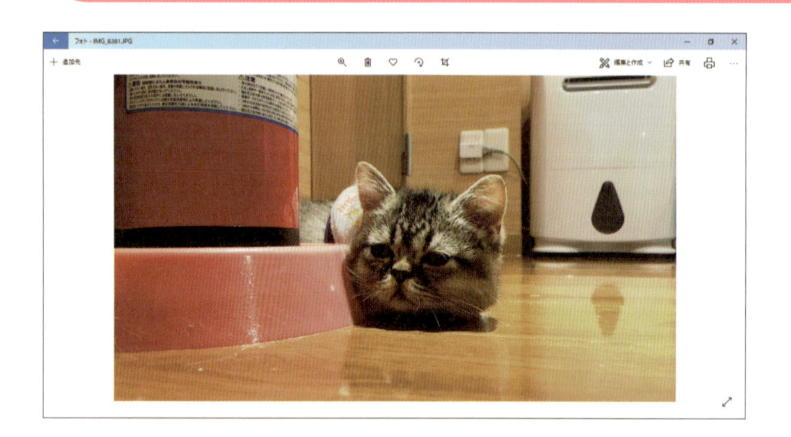

次の写真が
表示されます。

5 前の写真に戻ります

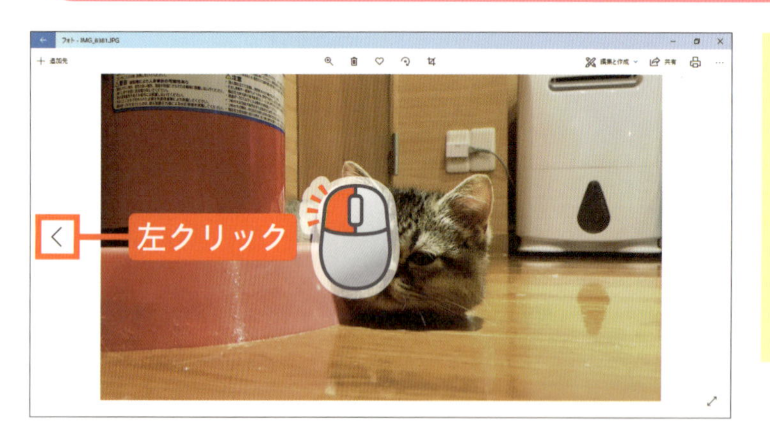

写真の左側に
ポインターを
移動し、
＜ が表示されたら
左クリックします。

前の写真に戻ります。

6 一覧表示に戻ります

画面左上の ← を 左クリックします。

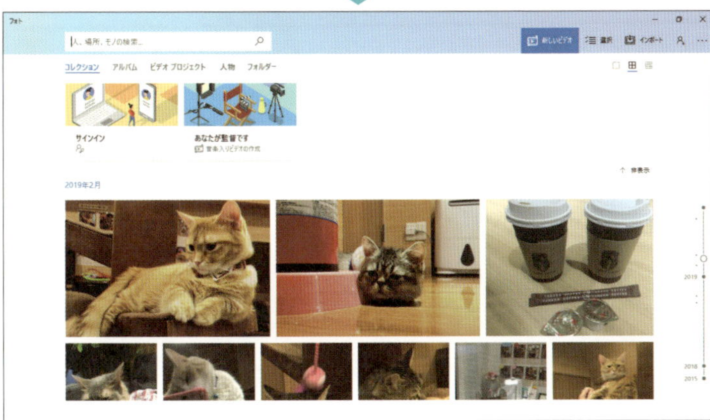

一覧表示の画面に戻ります。

ヒント スライドショーで写真を次々と表示するには

スライドショーとは、自動的に次々と写真が表示される機能のことです。
まず、184 ページのようにして写真を大きく表示します。次に、画面右上にある … を 左クリックしてメニューを開き、 スライドショー を 左クリックします。これで全画面でスライドショーがはじまります。
終了するときは、写真を 左クリックしましょう。

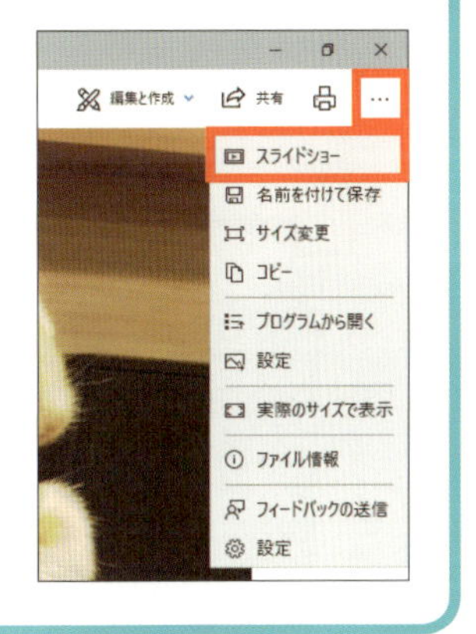

終わり

8章 レッスン 47

この章の進度

写真を回転しよう

フォトアプリでは、取り込んだ写真を加工することができます。
ここでは、向きを直したい写真を回転してみましょう。

ここでの操作

1 加工する写真を表示します

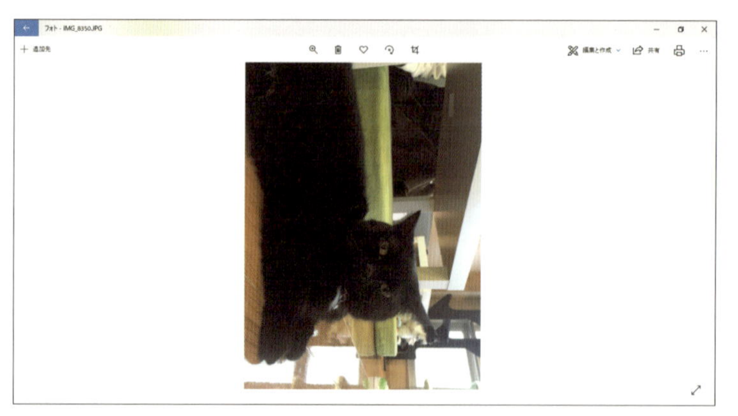

184 ページの方法で、回転したい写真を大きく表示します。

写真の上の を 左クリックします。

2 写真が回転しました

写真が
90 度回転します。

3 さらに回転させます

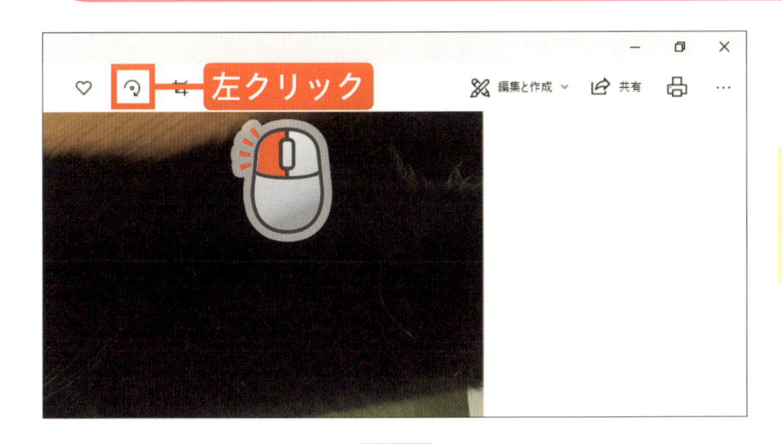

さらに 2 回
回転させてみましょう。

を 2 回
左クリックします。

写真が回転して
向きが直りました。

変更した内容は、
このまま保存されます。

8章 レッスン 48
この章の進度

写真を削除しよう

写真が増えてきたら、整理するといいでしょう。
ここでは、不要な写真を削除してみましょう。

ここでの操作

左クリック

24ページ

1 削除する写真を表示します

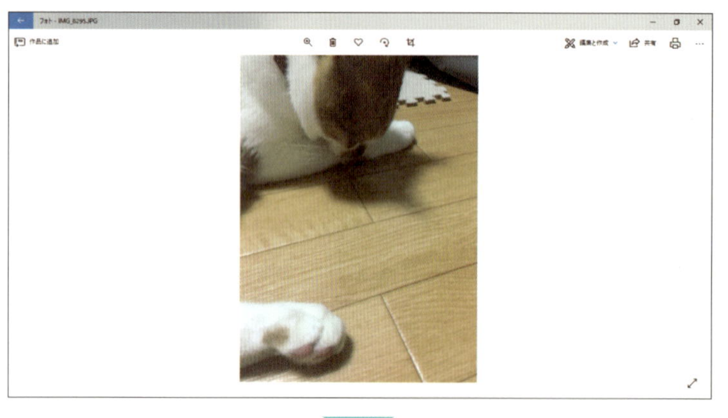

184ページの方法で、削除したい写真を大きく表示します。

写真の上の  を  左クリックします。

2 写真を削除します

を左クリックします。

写真が削除されます。

誤って削除してしまった場合は、218 ページの方法で元に戻せます。

ヒント いくつかの写真をまとめて削除する場合は？

写真の一覧表示画面で、削除したい写真にポインターを移動すると、右上に正方形の枠が表示されます。これを左クリックすると、チェックが入ります。同じ方法で、削除したい写真すべてにチェックを入れ、画面右上の を左クリックすると、まとめて削除できます。

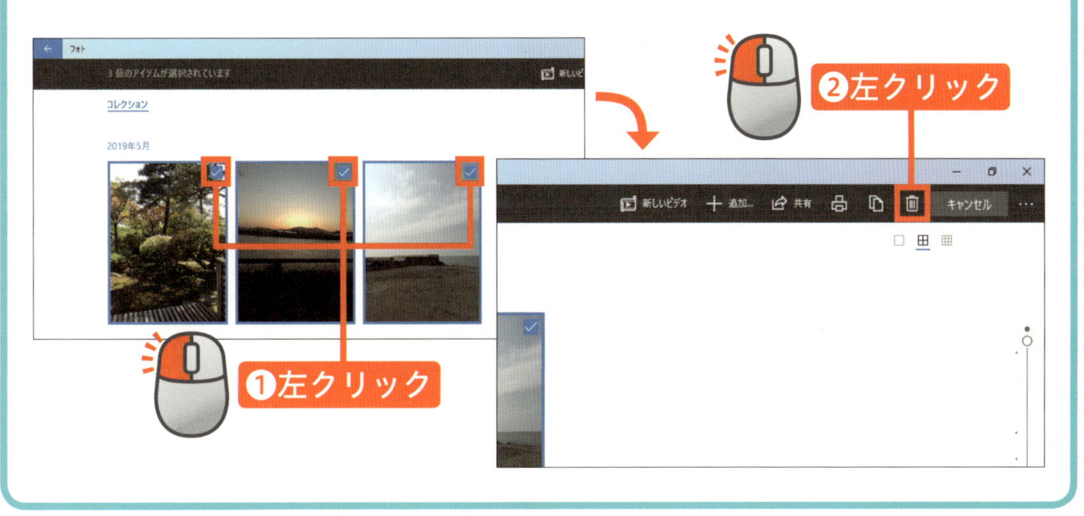

8章 レッスン 49

この章の進度

写真をデスクトップの壁紙にしよう

デスクトップ画面の背景の画像を、「壁紙」といいます。
お気に入りの写真を、デスクトップ画面の壁紙に設定しましょう。

ここでの操作

左クリック

24ページ

1 壁紙に設定したい写真を表示します

184ページの方法で、壁紙にしたい写真を大きく表示します。

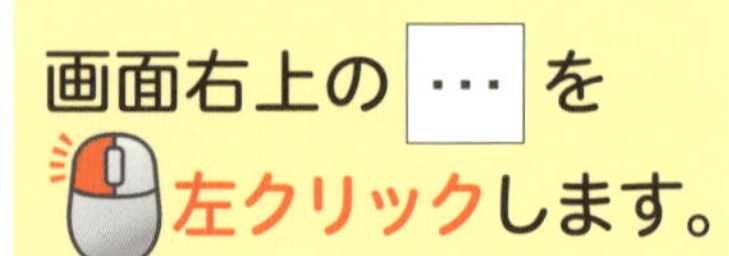

2 写真を壁紙に設定します

メニューが
表示されます。

を
左クリックします。

左横にメニューが
表示されます。

を
左クリックします。

3 壁紙に設定されました

デスクトップ画面の
背景が
設定した写真に
変わっています。

終わり

8章 レッスン 50

この章の進度

写真を印刷しよう

手元に残したい写真を印刷しましょう。あらかじめプリンターが使えるように設定しておき、写真用の用紙もプリンターに設置してからはじめてください。

ここでの操作

左クリック

24ページ

ホイールを回す

25ページ

1 印刷したい写真を表示します

184 ページの方法で、印刷したい写真を大きく表示します。

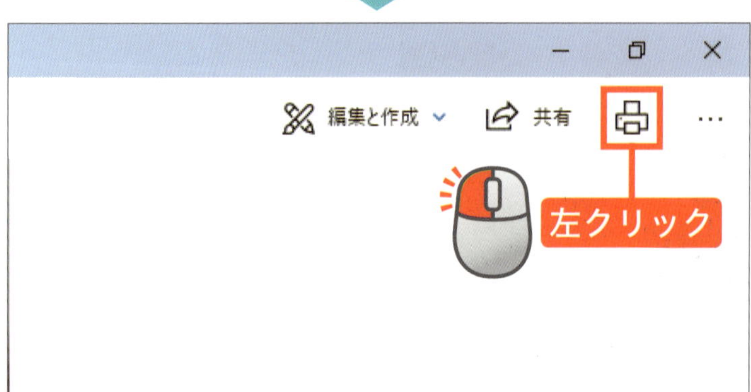

画面右上の 🖨 を左クリックします。

2 プリンターを設定します

印刷のウィンドウが表示されます。

プリンター の下の欄を左クリックします。

接続したプリンター名を左クリックします。

3 印刷部数を設定します

＋を左クリックして、印刷部数を必要なだけ増やします。

8章 スマホから写真を取り込もう

次のページへ

4 印刷する部数を設定しました

印刷部数を
設定しました。

5 用紙サイズを設定します

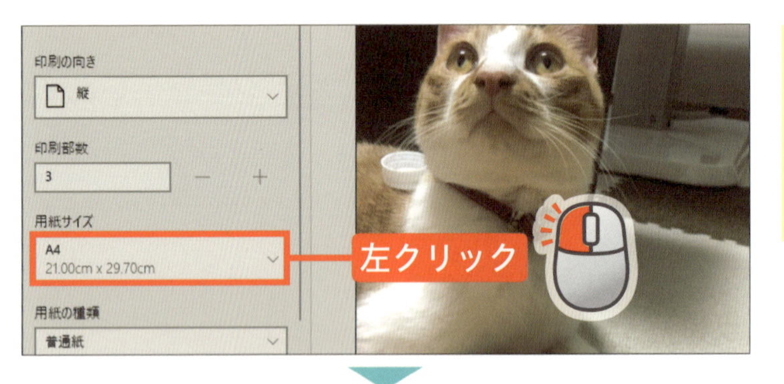

用紙サイズ の
下の欄を
左クリックします。

印刷する
用紙サイズを
左クリックします。

用紙のサイズが
設定されます。

アドバイス

選べる用紙サイズは、
プリンターによって変
わります。

6 用紙の種類を設定します

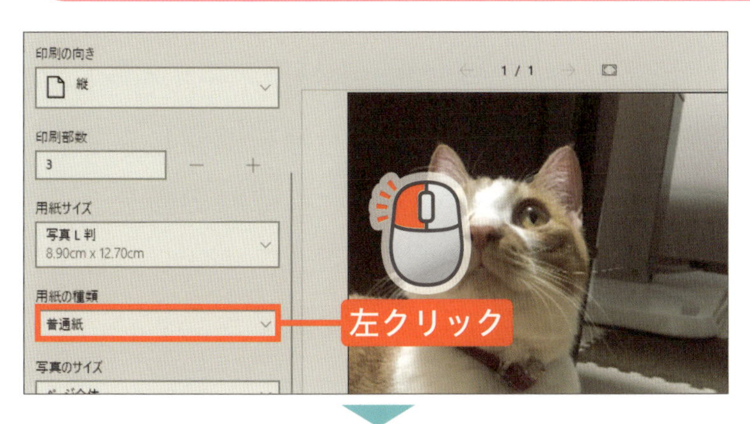

用紙の種類 の

下の欄を

左クリックします。

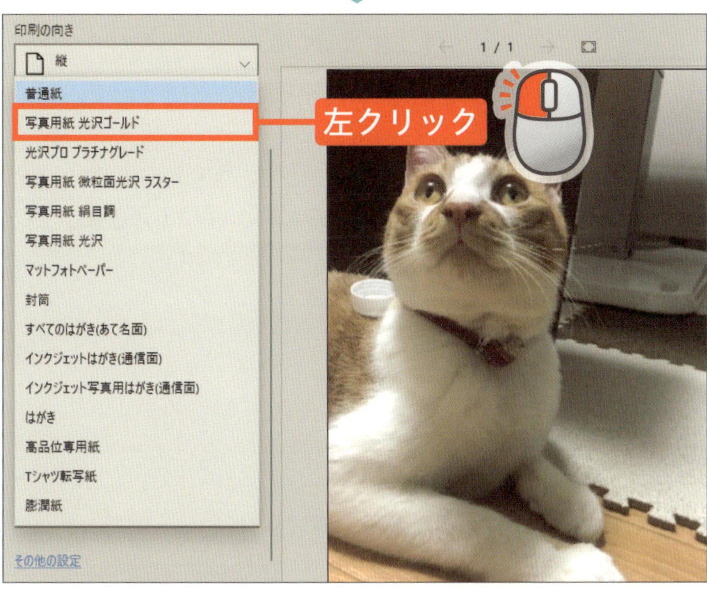

印刷する

用紙の種類を

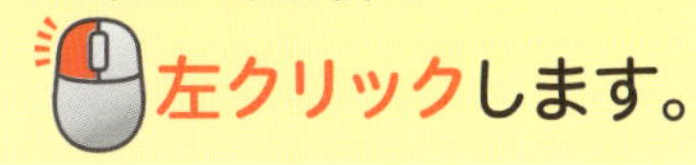左クリックします。

用紙の種類が

設定されます。

アドバイス

選べる用紙の種類は、プリンターによって変わります。

7 その他の設定をします

その他の設定 を

左クリックします。

次のページへ

8 各設定を確認します

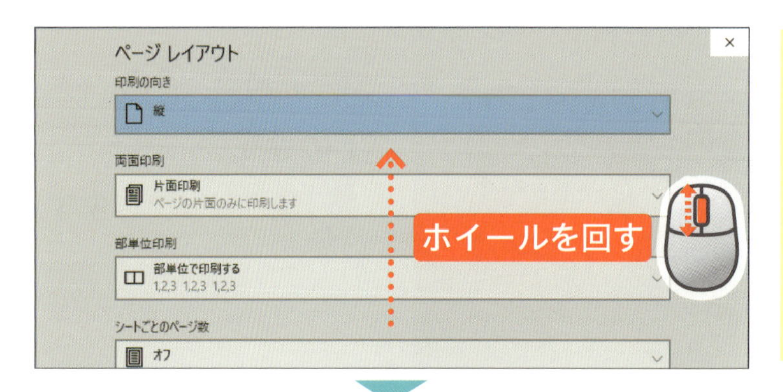

ホイールを回して、内容を確認します。それぞれの欄を、左クリックして変更できます。

設定に問題がなければ、OK を左クリックします。

9 写真を印刷します

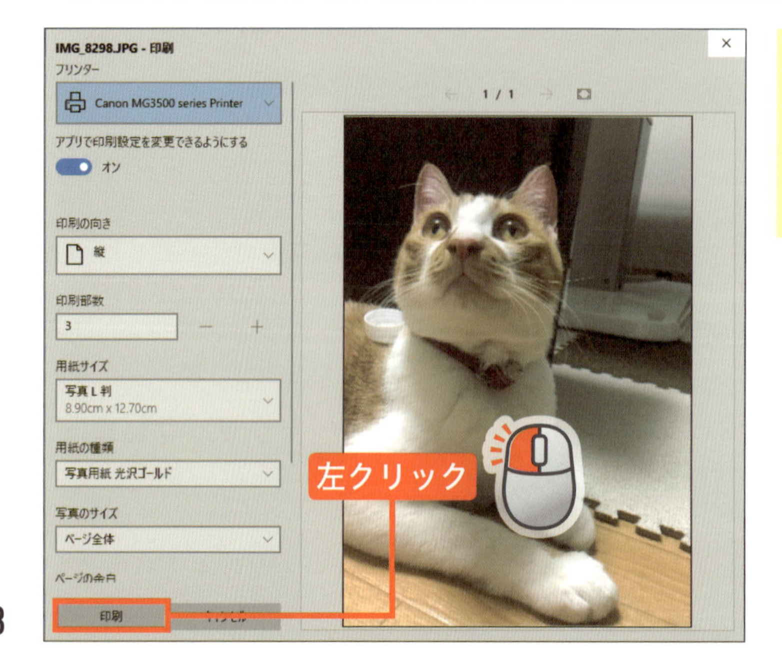

最後に、一番下の 印刷 を左クリックします。

プリンターから印刷された用紙が出ます。

ヒント 印刷するものに合わせて用紙や品質を変更しましょう

手紙、はがき、写真など、どんなものを印刷したいかによって、印刷の用紙や品質を変更しましょう。

用紙サイズは、文書の印刷には「A4」や「B5」、写真の印刷には「写真 L 版」や「写真 2L 版」、はがきの印刷には「はがき」などの大きさが選べます。

用紙の種類も設定しましょう。コピー用紙に印刷するなら「普通紙」でいいでしょう。写真なら「写真用紙 光沢」など写真専用の用紙を設定することで、現像に出したようなきれいな写真の印刷ができます。ただし、専用の用紙を購入する必要があります。

設定画面に**印刷品質**がある場合、「高画質」に設定すると、より鮮明な印刷ができます。ただし、インクを多く使ったり、印刷に時間がかかることもあるので、きれいに印刷する必要があるときのみ高画質に設定するといいでしょう。

接続しているプリンターによって設定できる項目は異なるので、印刷前にプリンターの取り扱い説明書などをよく確認してください。

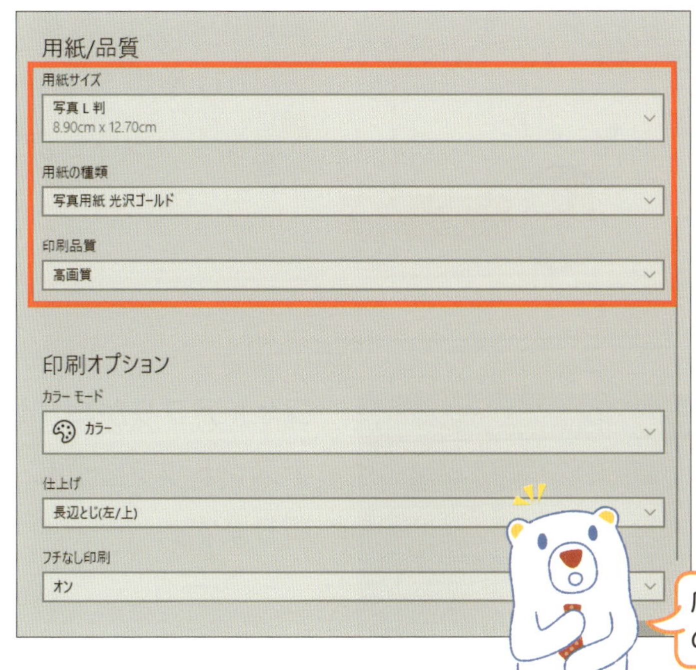

エレコム／ EJK-QTNL100

店頭にこのような写真専用の用紙が売っています。

8章

この章の進度

レッスン 51

フォトアプリを終了しよう

フォトアプリでの作業が終わったら、フォトアプリを終了しましょう。
ほかのアプリと同じく、× 閉じるボタンで終了します。

左クリック

24ページ

1 フォトアプリを終了します

画面の右上にある
× 閉じるボタンを
左クリックします。

フォトアプリが終了し、
デスクトップ画面に
戻ります。

9章

ファイルを整理しよう

この章のレッスン

レッスンをはじめる前に

ファイルとフォルダーについて知っておきましょう

パソコンで作成した文書や、取り込んだ写真は、実はどれもファイルという単位で保存されています。パソコンを使っていくと、ファイルがだんだん増えてきます。そんなときは、入れ物に分けて整理しましょう。この入れ物をフォルダーといいます。
そして、ファイルやフォルダーを管理するためのアプリがエクスプローラーです。新しくフォルダーを作ったり、その中にファイルをしまったりが簡単にできます。

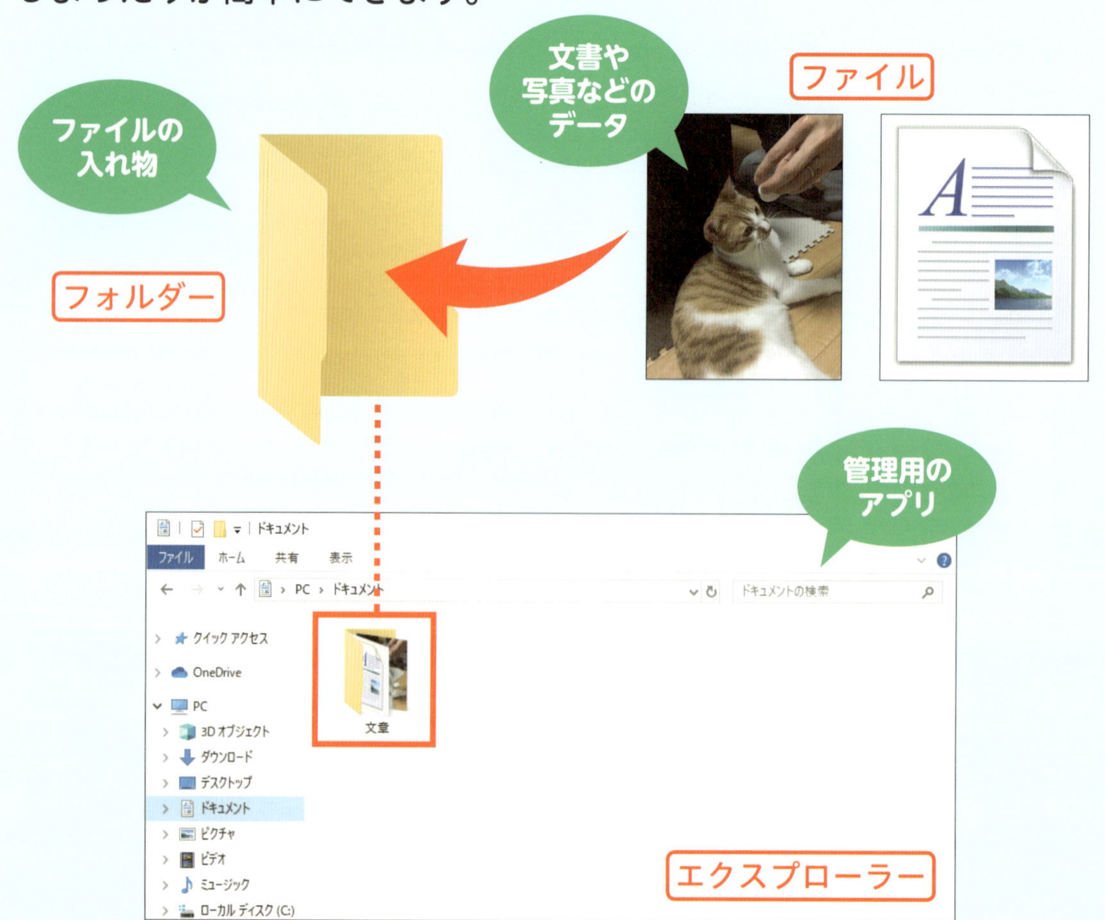

ファイルやフォルダーはコピーや移動も簡単！

エクスプローラーでは、ファイルやフォルダーをコピーしたり、移動したりの操作が簡単に行えます。フォルダーをコピー／移動すると、中身のファイルも一緒にコピー／移動します。

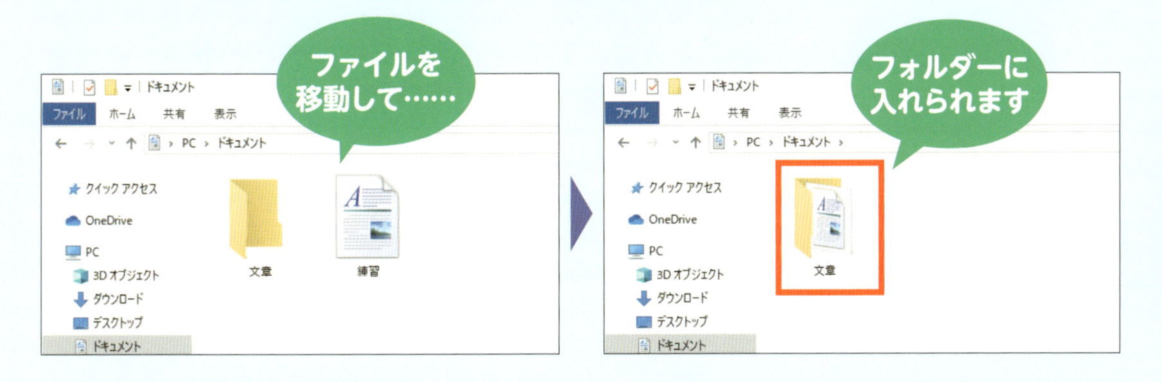

削除すると「ごみ箱」に入ります

不要になったファイルやフォルダーを削除すると、パソコンのごみ箱に移動します。間違って削除してしまったときでも、ごみ箱から元の場所に戻せるので安心です。

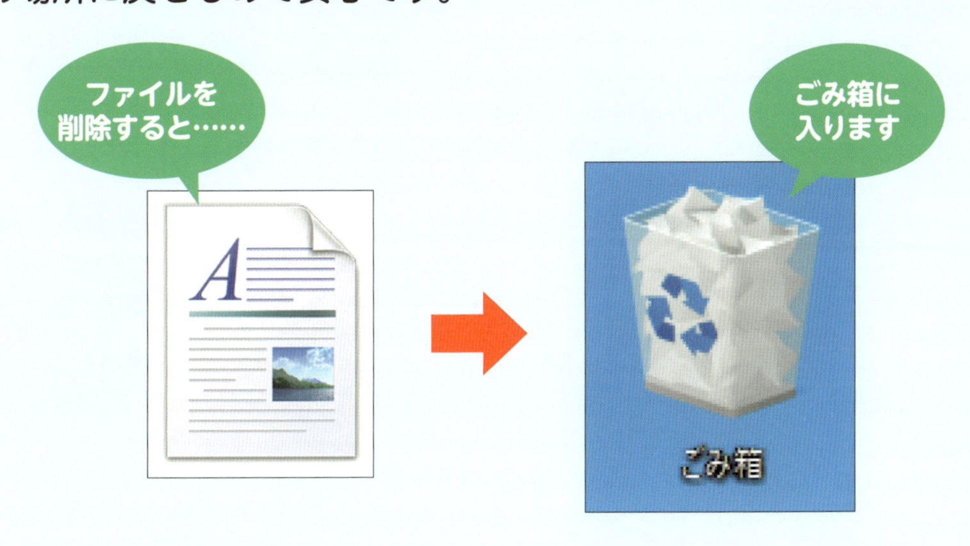

この章の進度

エクスプローラーを知ろう

ワードパッドで作成した文書のように、アプリで使うデータのことをファイルといいます。パソコンでは、ファイルの管理にエクスプローラーを使います。

ファイルとフォルダーの役割

1 ファイル

パソコンで作成した文書や、取り込んだ写真などのデータの本体です。ファイルの種類ごとに異なる絵柄のアイコンで表示されます。

2 フォルダー

ファイルを整理する入れ物のことです。フォルダーは自由に作ることができ、目的ごとにファイルをまとめられます。

エクスプローラーの各部の名称と役割

このあとのレッスンでは、エクスプローラーを使ってパソコンのファイルやフォルダーを整理していきます。ここで各部の名前と役割を確認しましょう。

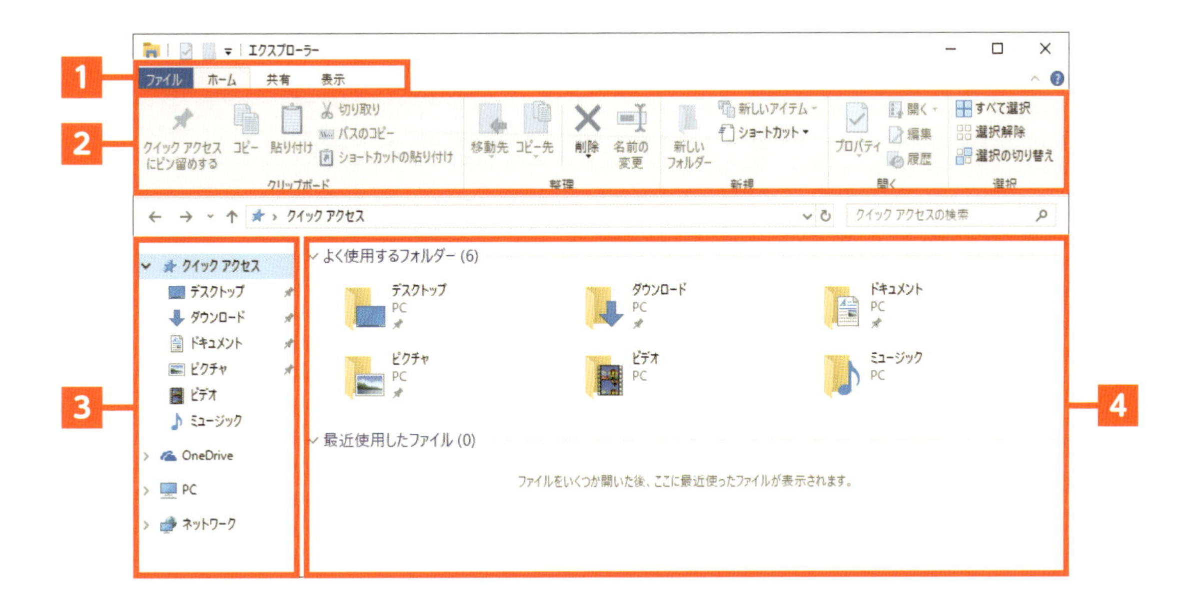

1 タブ

エクスプローラーの各機能がまとめられています。それぞれのタブを左クリックすると、下側の操作ボタンの表示が変わります。

2 操作ボタン

コピーや切り取りなどの操作ボタンが用意されています。操作ボタンは、通常は隠れていて、上のタブをクリックして表示する設定になっていることがあります。

3 ナビゲーションウィンドウ

パソコン内の保存できる場所やフォルダーの名前を一覧表示します。それぞれの名前を左クリックすると、右側のメインウィンドウに中身が表示されます。

4 メインウィンドウ

左側のナビゲーションウィンドウで選んだ場所の中にある、ファイルやフォルダーを表示します。

終わり

レッスン53 フォルダーを作ろう

エクスプローラーを起動して、新しいフォルダーを作ってみましょう。
フォルダーはいくつでも作ることができ、名前も自由に決められます。

1 エクスプローラーを起動します

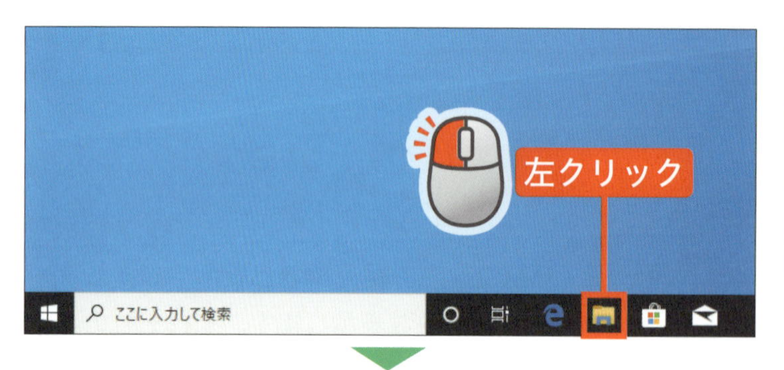

タスクバー
（20 ページ）にある
を
左クリックします。

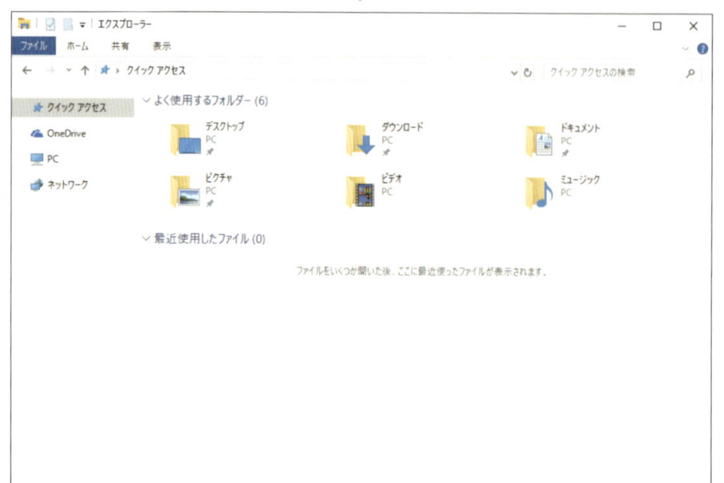

エクスプローラーが
起動します。

2 フォルダーを作成する場所を表示します

「ドキュメント」にフォルダーを作成します。

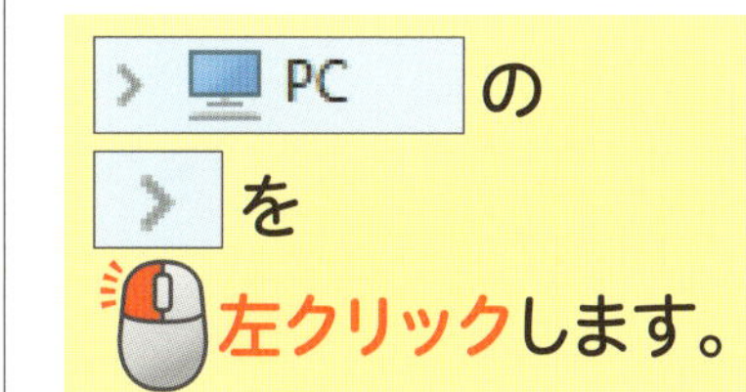

の を 左クリックします。

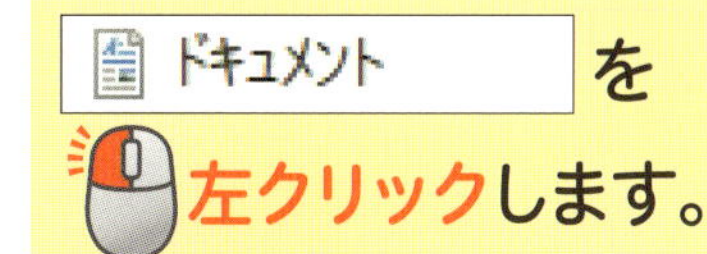

を 左クリックします。

アドバイス

「ドキュメント」は、自分で作成したファイルを保存する場所です。

3 操作ボタンを表示します

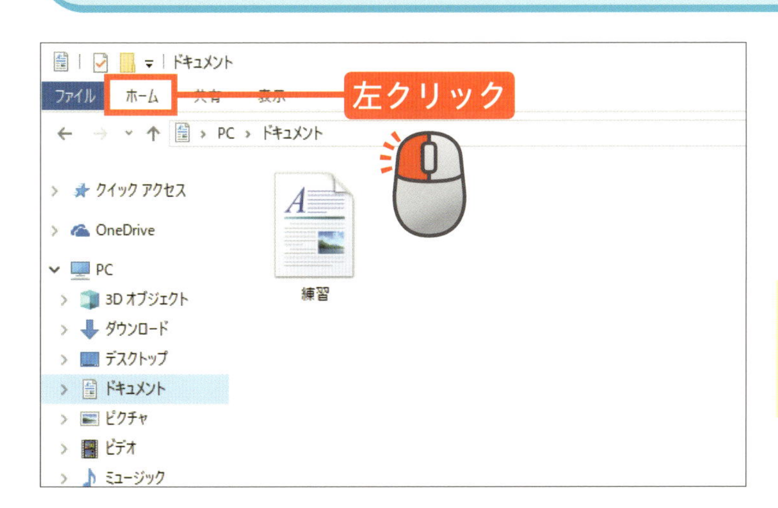

右側のメインウィンドウに「ドキュメント」の内容が表示されます。

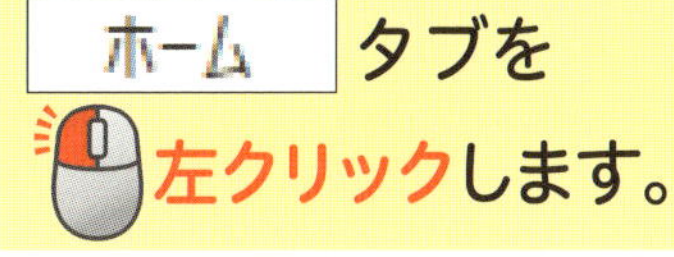

タブを 左クリックします。

9章 ファイルを整理しよう

次のページへ

4 新しいフォルダーを作成します

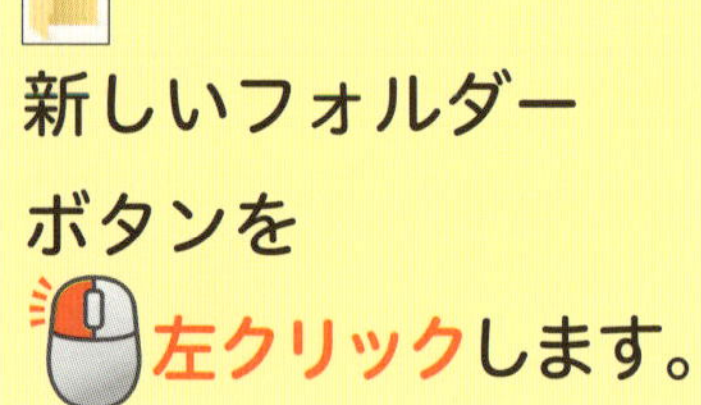

新しいフォルダー
ボタンを
左クリックします。

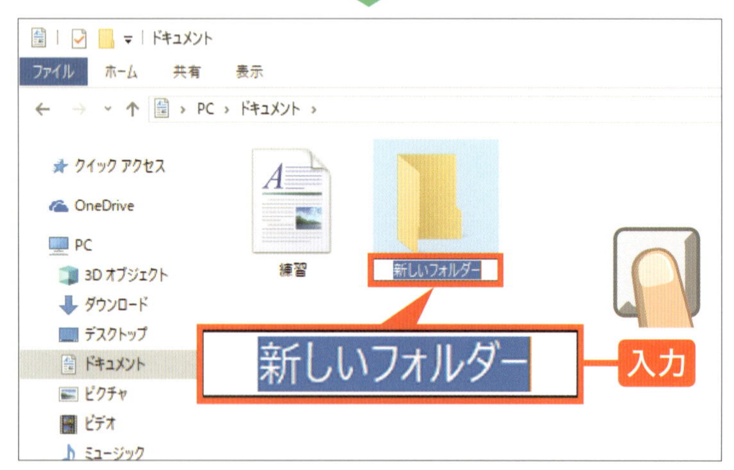

新しいフォルダーが
作成されます。

好きな名前を

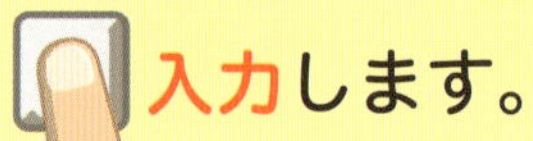

入力します。

ここでは「文章」と
入力します。

5 フォルダー名を確定します

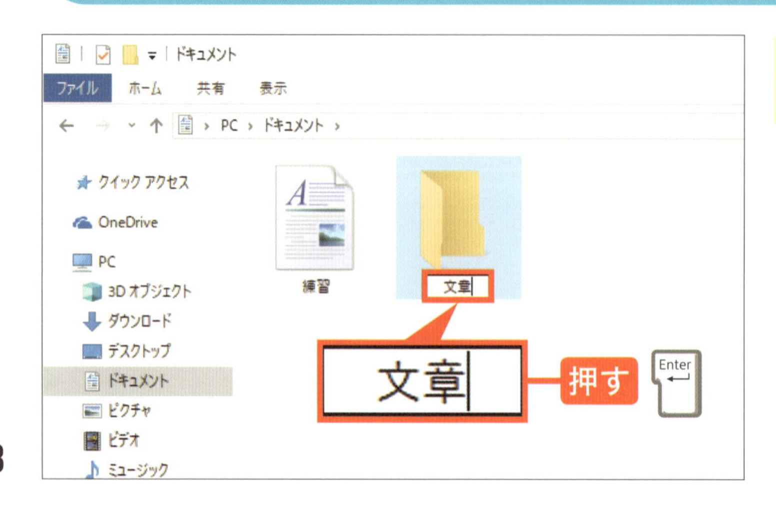

Enter を押します。

6 フォルダーが作成されました

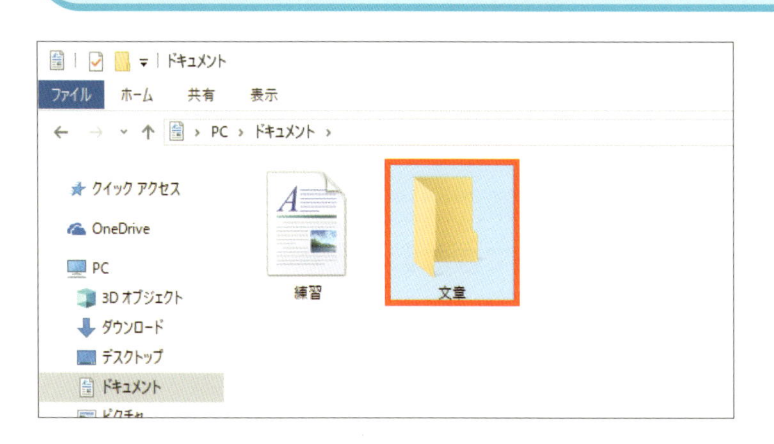

新しいフォルダーが作成されました。

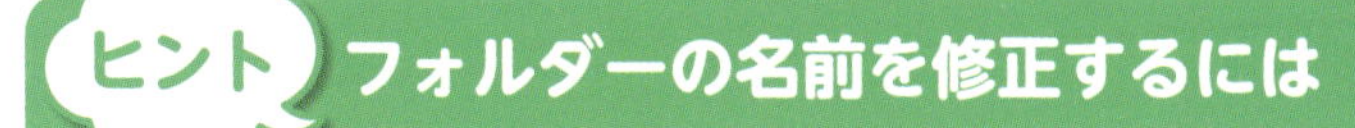

ヒント フォルダーの名前を修正するには

フォルダーの名前を間違って確定してしまった場合は、修正ができます。修正したいフォルダーを左クリックして選択したあと、ホーム タブを左クリックします。

名前の変更ボタンを左クリックすると、入力できる状態になります。

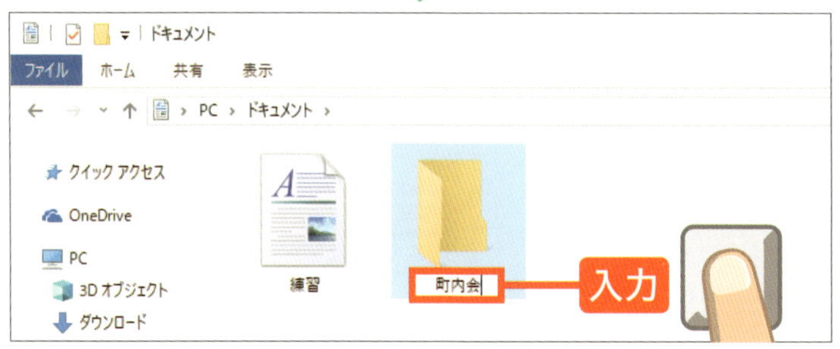

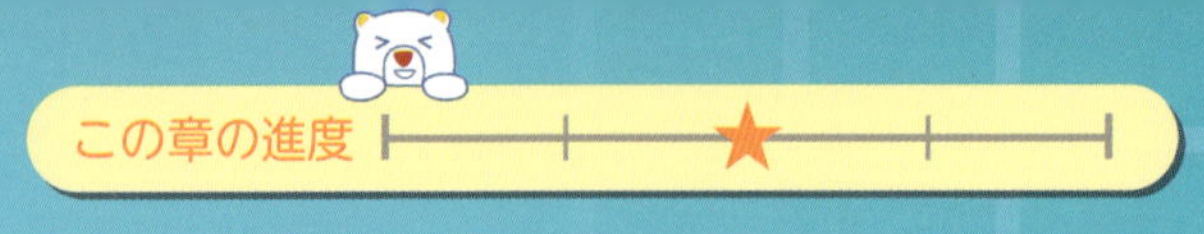

ファイルを別の場所にコピー／移動しよう

ファイルは、自由にコピーしたり移動したりできます。
80 ページで作成したファイルを使って、実際にやってみましょう。

ポインターの移動

24ページ

左クリック

24ページ

1 エクスプローラーを表示します

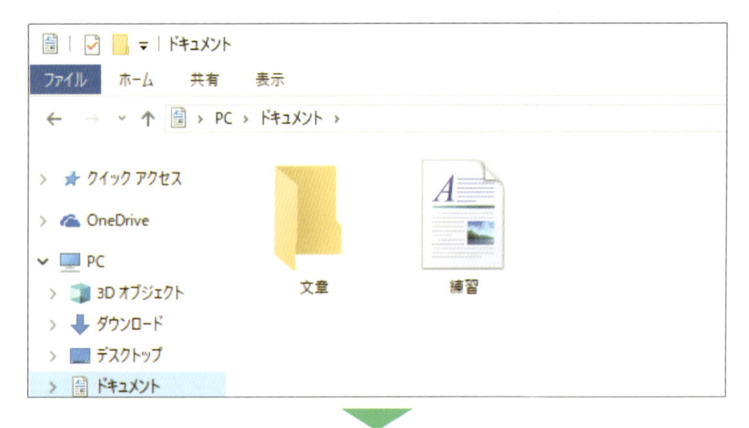

206 ページの方法で、「ドキュメント」を表示します。

80 ページで作成した「練習」ファイルを使います。

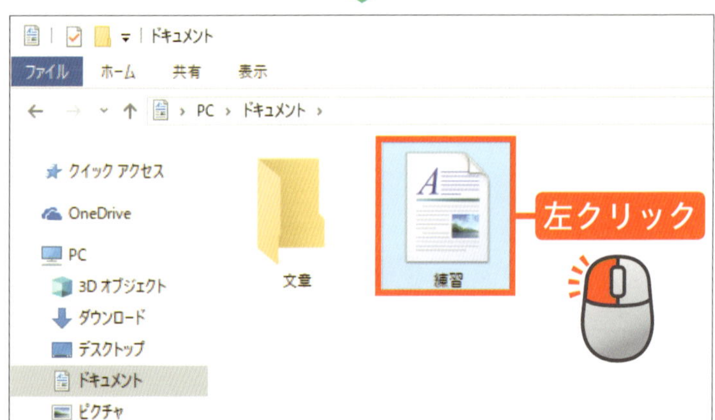

「練習」ファイルの上にポインターを移動し、左クリックします。

2 ファイルをコピーします

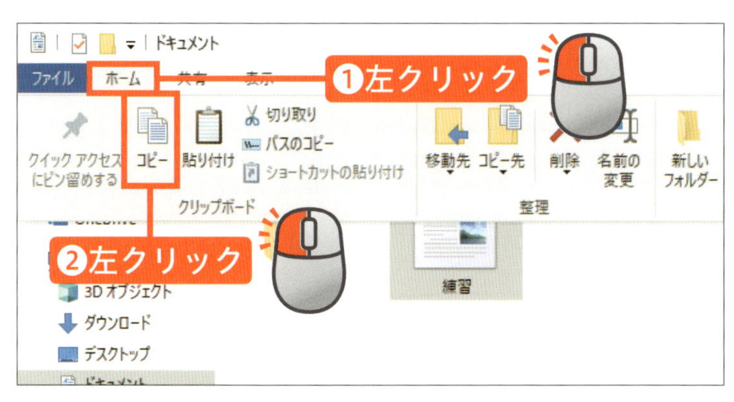

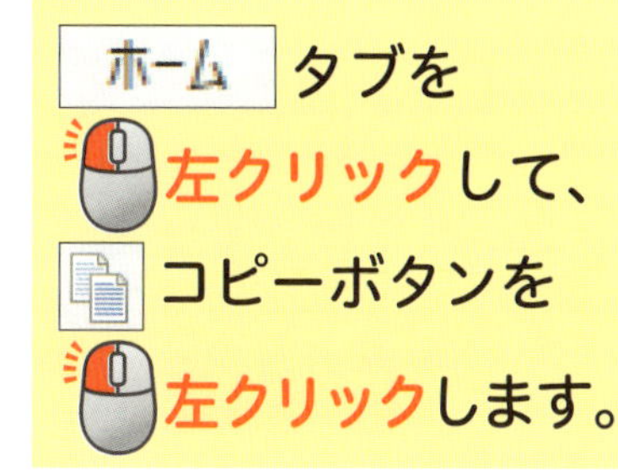

ホームタブを左クリックして、コピーボタンを左クリックします。

3 貼り付け先を開きます

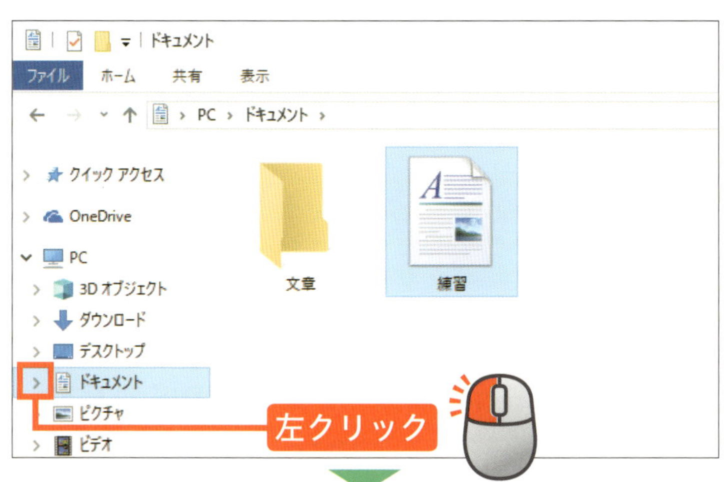

ドキュメントの＞を左クリックします。

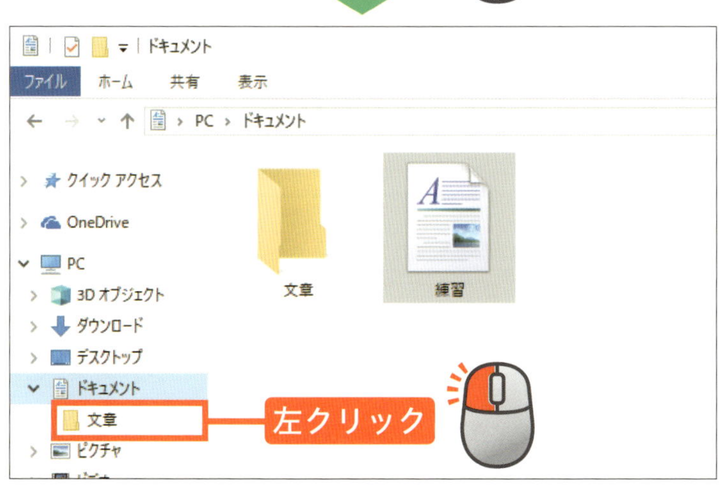

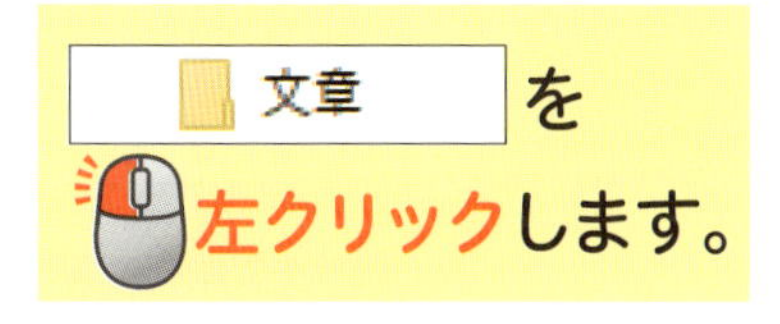

文章を左クリックします。

4 フォルダー内に貼り付けます

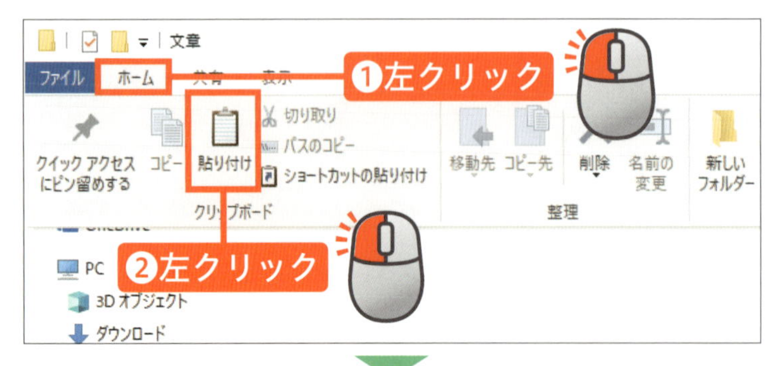

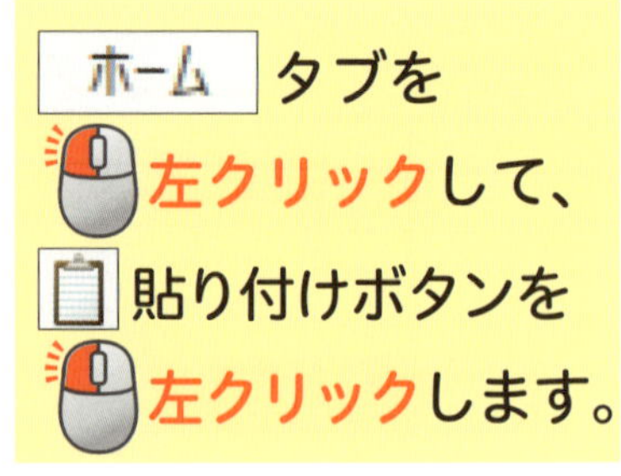

タブを左クリックして、貼り付けボタンを左クリックします。

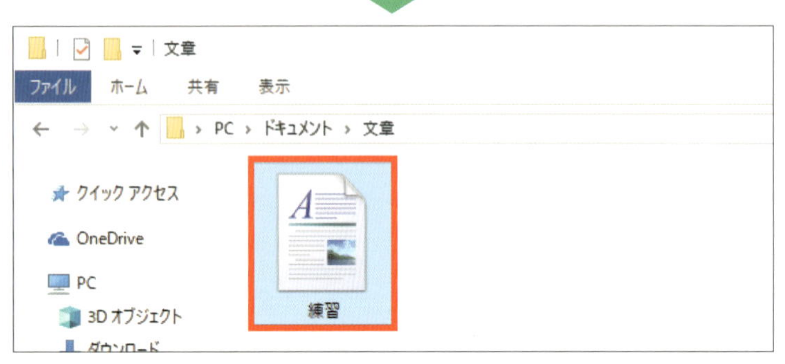

「文章」フォルダーに、コピーしたファイルが貼り付けられました。

5 ファイルの切り取りを選択します

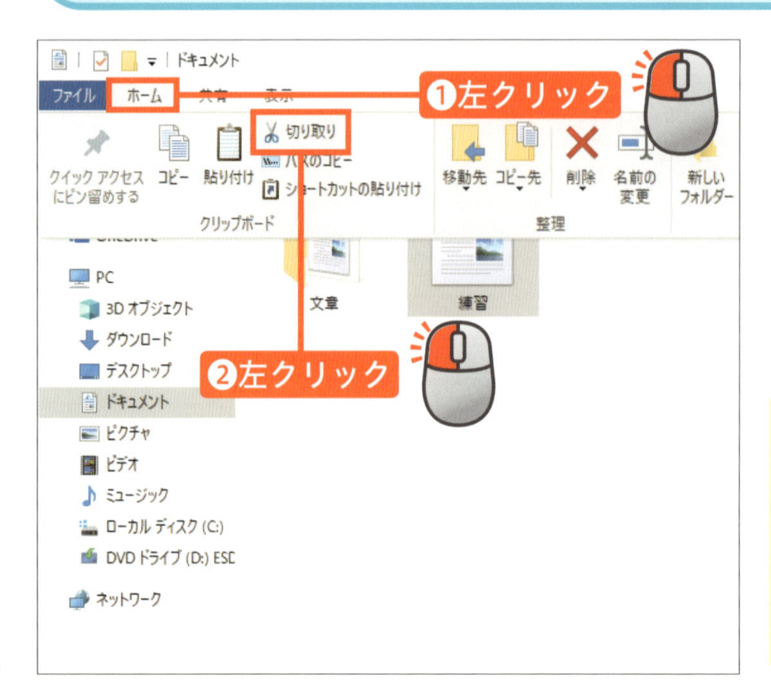

続いて
ファイルの移動です。
210 ページの方法で
「ドキュメント」の
「練習」ファイルを
選択します。

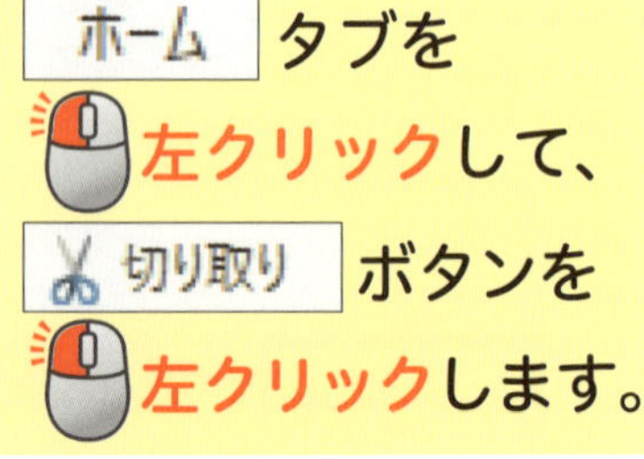

タブを左クリックして、ボタンを左クリックします。

6 ファイルを移動します

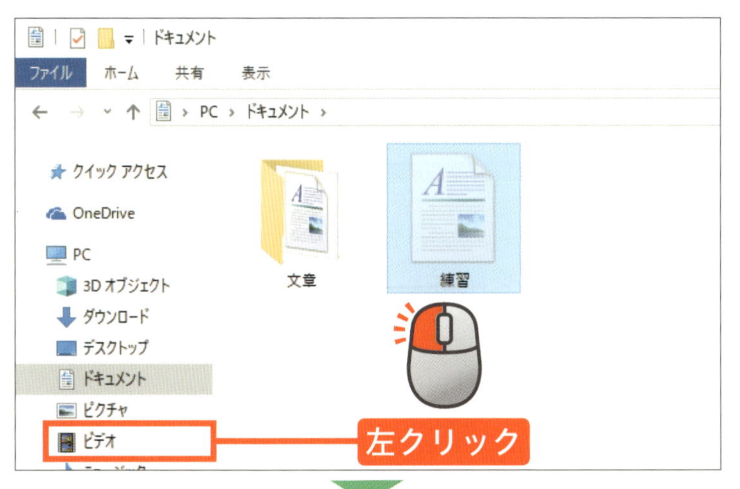

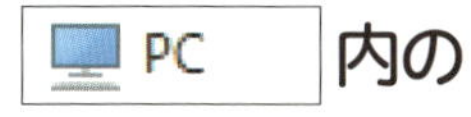

内の「ビデオ」に移動します。

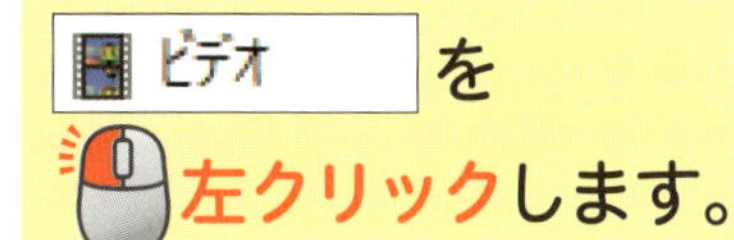

を 左クリックします。

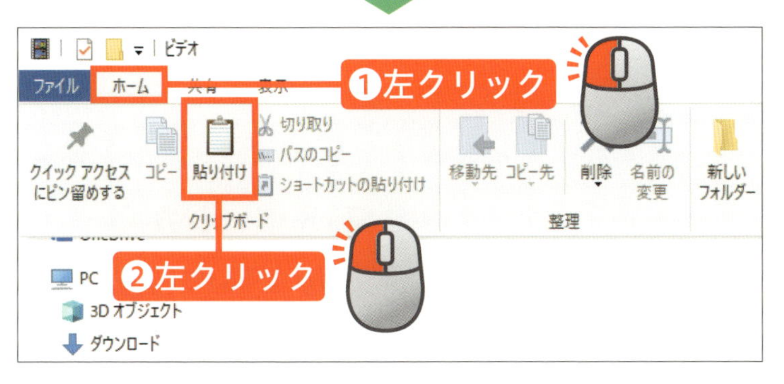

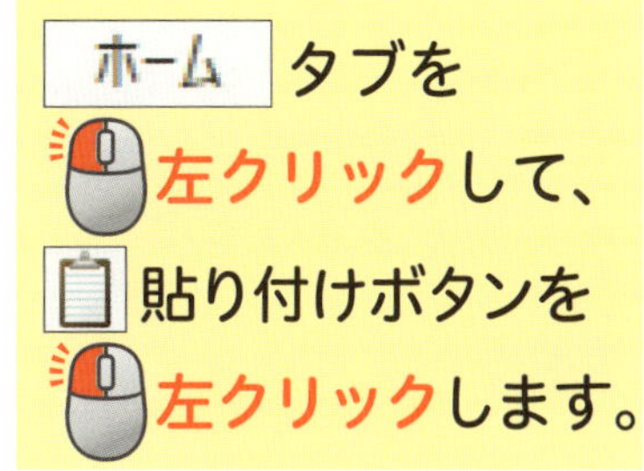

タブを 左クリックして、貼り付けボタンを 左クリックします。

7 ファイルが移動しました

ファイルが「ビデオ」に移動しました。

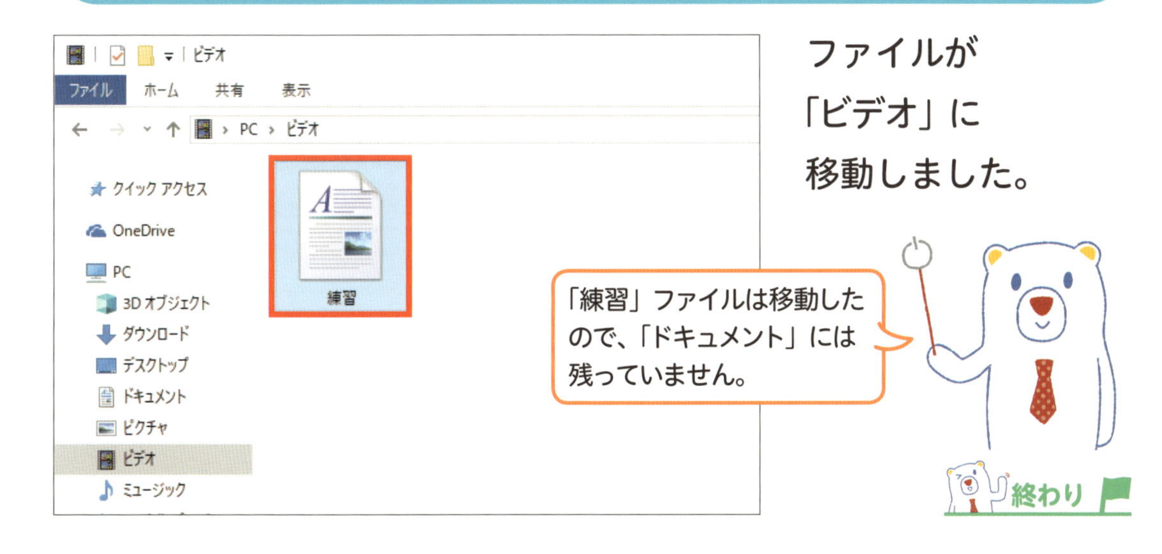

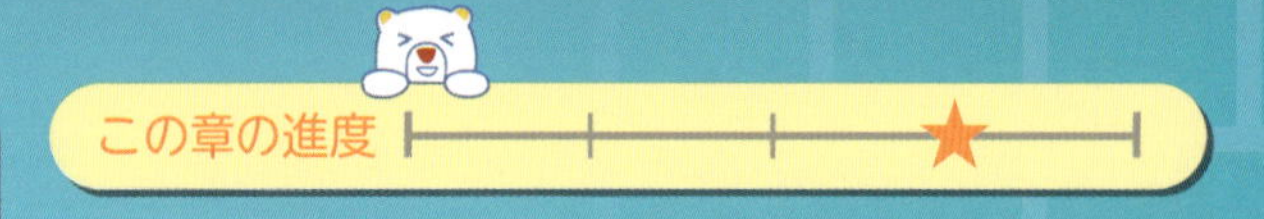

ファイルを削除しよう

不要なファイルを削除することで、パソコンの中を整理することができます。ここでは、213 ページで移動したファイルを削除します。

1 削除するファイルを表示します

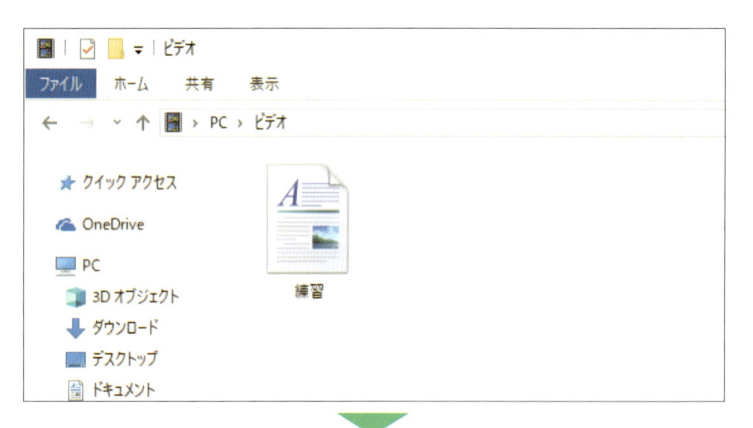

213 ページから続けて操作します。

「ビデオ」内の「練習」ファイルを削除します。

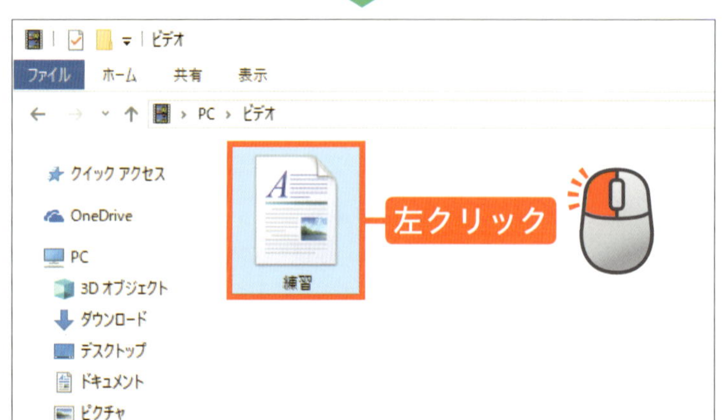

「練習」ファイルを左クリックします。

② ファイルを削除します

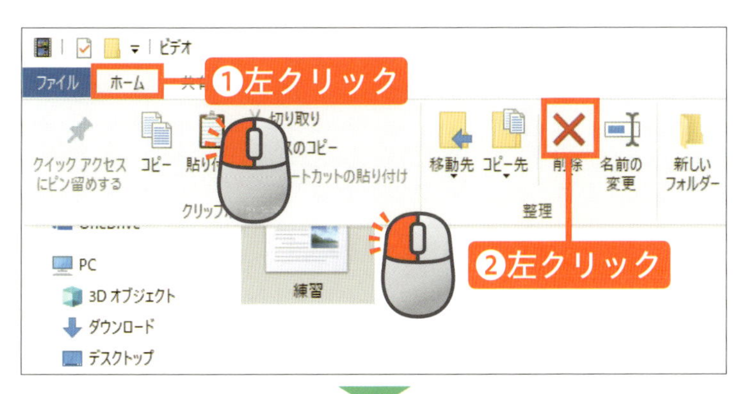

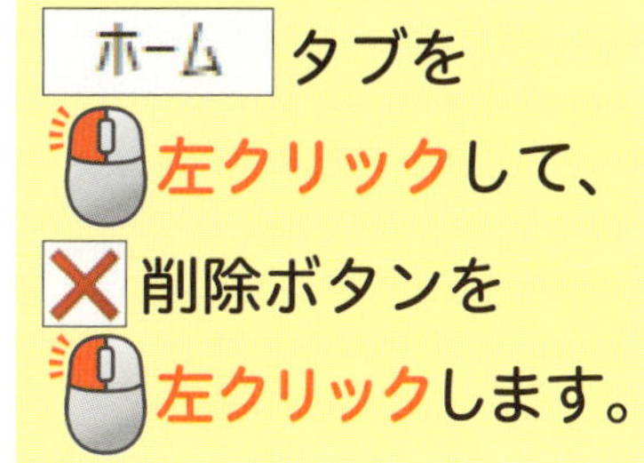

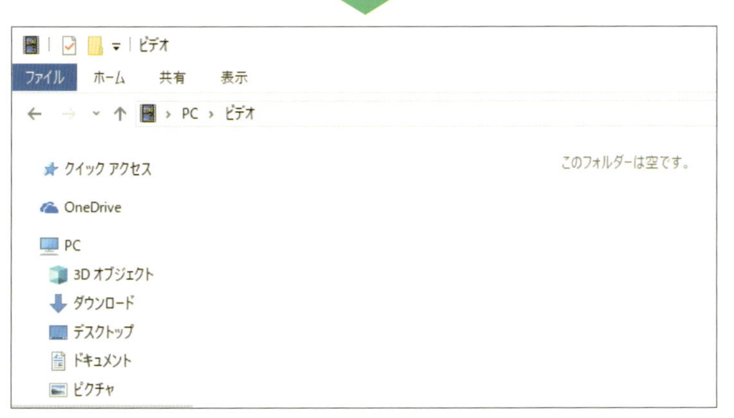

「ビデオ」内から「練習」ファイルが削除されます。

削除されたファイルはごみ箱へ保管されます

削除されたファイルは、いきなりパソコンの中から消えるわけではありません。デスクトップ上のごみ箱に移動します。
もし、誤ってファイルを削除してしまった場合でも、ごみ箱から元に戻すことができます。218 ページを参照してください。

ファイルの削除前のごみ箱アイコン

ファイルを削除して、ごみ箱に移動後のごみ箱アイコン

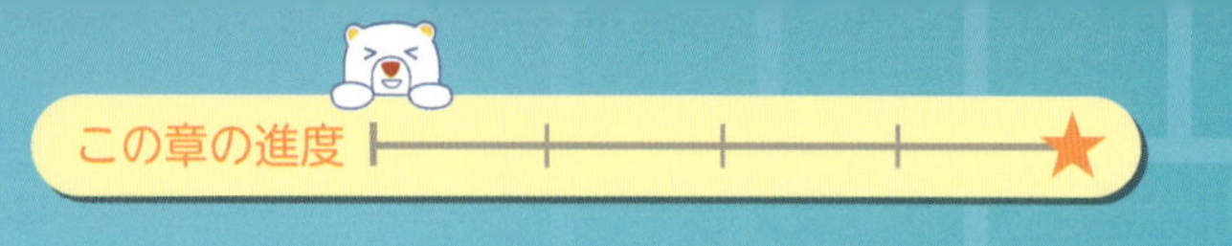

ごみ箱の使い方を知ろう

削除したファイルは、ごみ箱に移動しています。ごみ箱では、ファイルを復元したり、パソコンから完全に削除したりできます。

左クリック 24ページ

ダブルクリック 26ページ

1 ごみ箱を開きます

デスクトップにあるごみ箱をダブルクリックします。

管理　ごみ箱
ファイル　ホーム　共有　表示　ごみ箱ツール
ごみ箱
名前　元の場所
練習　C:¥Users¥libroworks¥Videos
クイック アクセス
OneDrive
PC
3D オブジェクト
ダウンロード
デスクトップ
ドキュメント
ピクチャ
ビデオ

ごみ箱のウィンドウが表示されます。

2 ごみ箱を空にします

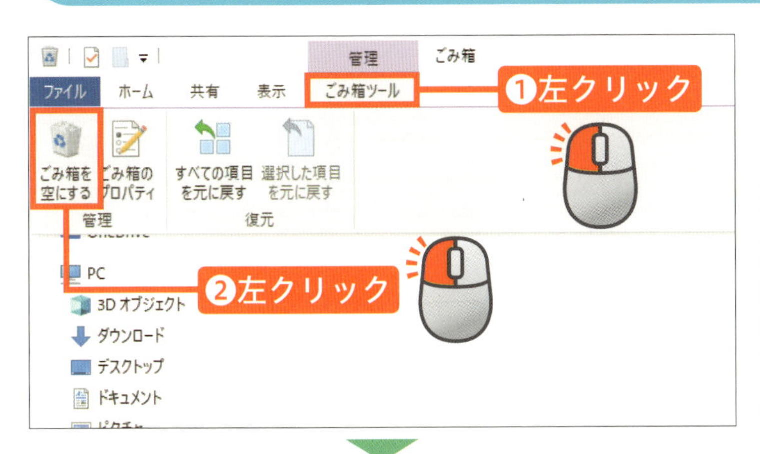

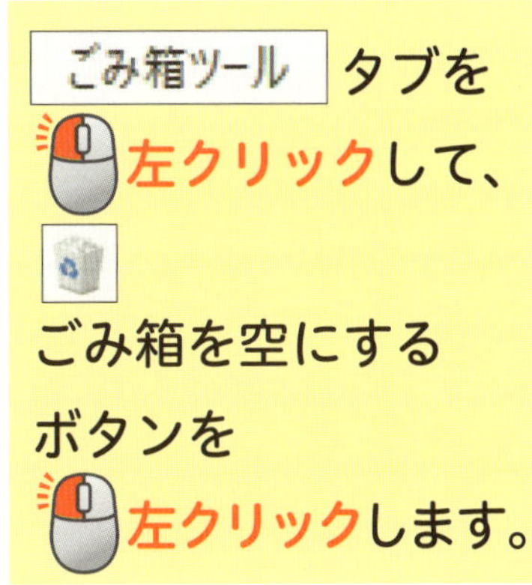

ごみ箱ツール タブを左クリックして、ごみ箱を空にするボタンを左クリックします。

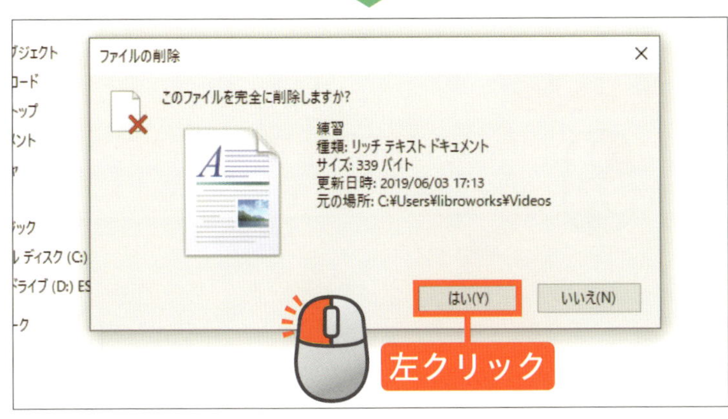

「ファイルの削除」のメッセージが表示されたら、

はい(Y) を左クリックします。

3 ファイルが完全に削除されます

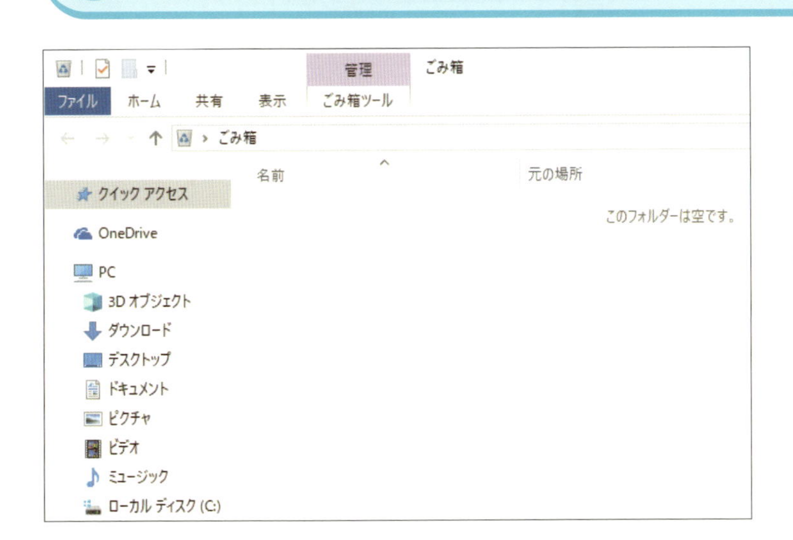

ごみ箱が空になり、ファイルがパソコンから完全に削除されます。

間違って削除したファイルを元に戻したい！

ファイルを間違って削除してしまっても、あわてなくて大丈夫。ごみ箱の中から、元の場所に復元することができます。

ごみ箱を ダブルクリックして中身を表示したら、復元したいファイルを 左クリックします。続いて、 ごみ箱ツール タブを 左クリックして、 選択した項目を元に戻すボタンを 左クリックしましょう。

元の場所を確認すると、ファイルが戻っています。

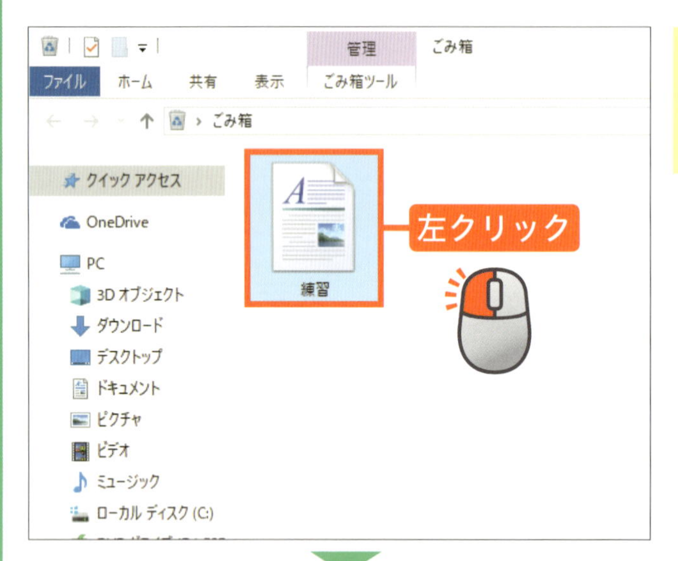

復元したいファイルを 左クリックします。

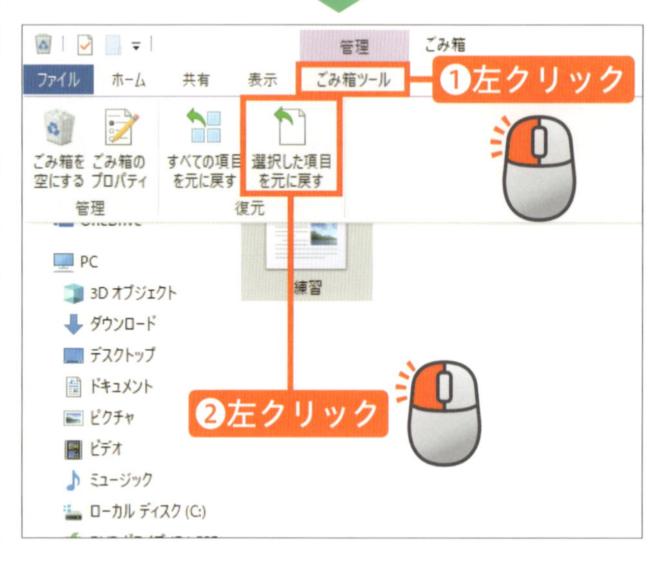

ごみ箱ツール タブを 左クリックして、 選択した項目を元に戻すボタンを 左クリックします。

これで、ファイルが削除前の場所に戻ります。

Q ファイルを簡単に別のパソコンへ移動したい！

A USB メモリーを使いましょう。

自分のパソコン内の画像や文書などのファイルを別のパソコンへ移動するときは、USB メモリーが便利です。

使い方は簡単です。まず、USB メモリーを自分のパソコンの接続口に差し込みます。パソコンが認識すると、エクスプローラーの左側に「USB ドライブ」や「リムーバブルディスク」と表示されます。この表示を左クリックすれば、エクスプローラーの右側に USB メモリーの中身が開きます。ここに、210 ページから 213 ページの方法で、ファイルやフォルダーをコピーしたり、移動したりして、USB メモリーに保存しましょう。そのあと、USB メモリーを別のパソコンに接続して、コピーや移動をするようにしましょう。

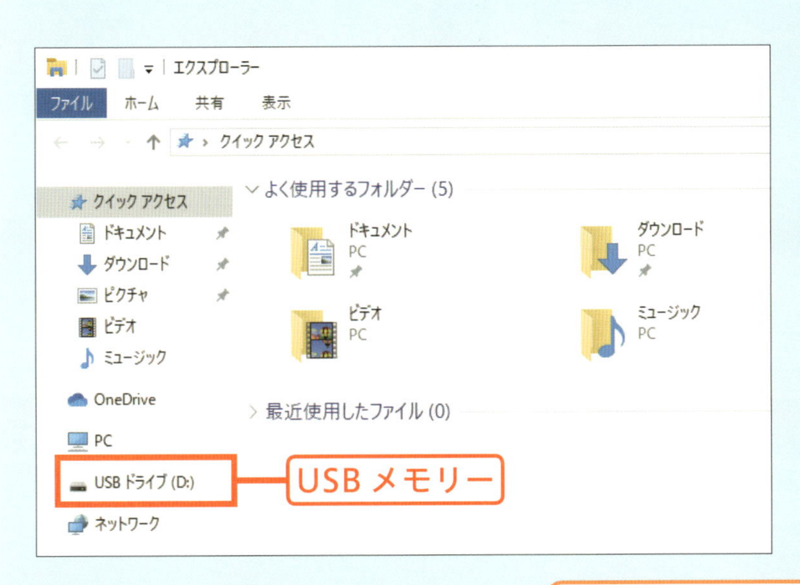

USB メモリー

バッファロー／ RUF3-C32G-BL

USB メモリーをパソコンから引き抜くときは、220 ページを参考にしてください。

ステップアップ

Q USBメモリーはそのまま引き抜いていいの？

A いきなり引き抜くと故障の原因になります。

一度差し込んだUSBメモリーは、パソコンからいきなり引き抜くと、故障の原因になります。
ファイルのコピーや移動が終わったら、「ハードウェアの安全な取り外し」で接続を切ってから引き抜きましょう。

タスクバーの右端にある ^ を 左クリックします。

を 左クリックします。

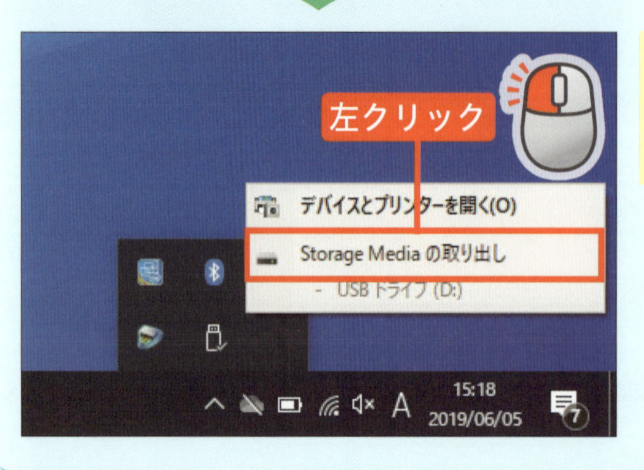

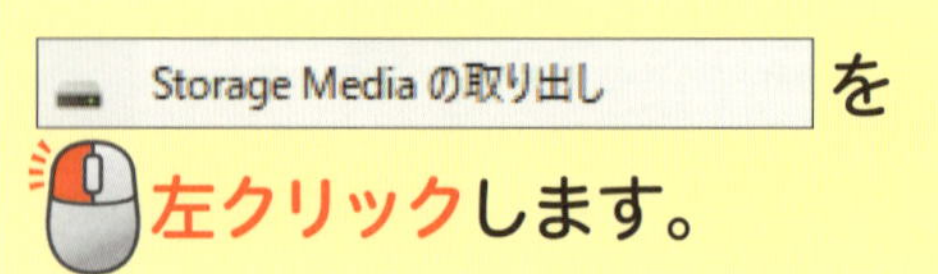

を 左クリックします。

「ハードウェアの取り外し」のメッセージが表示されたら、パソコンからUSBメモリーをゆっくり引き抜きましょう。

付録①

ネットショップで買い物をしよう

この章のレッスン

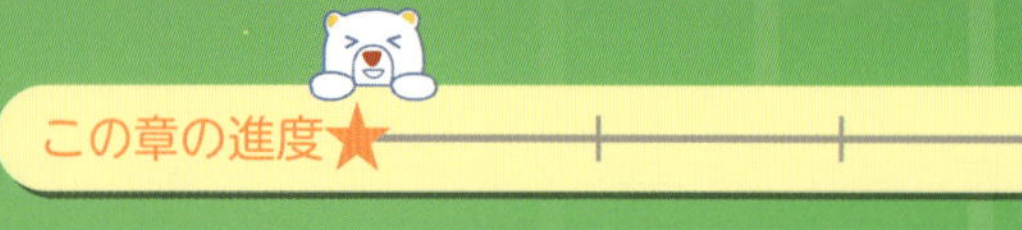

アマゾンに会員登録しよう

インターネットを使えば、お店に行かなくても買い物ができます。
ここでは、大手の通販サイトであるアマゾンの使い方を解説します。

キー入力
60ページ

1 アマゾンについて

アマゾン（Amazon）は、インターネットを使った通販サイトの最大手で、日本国内でも4000万人以上の人が利用しています。
書籍から食品まで幅広い取り揃えがあり、購入した人の感想も見られます。
出荷前ならキャンセルも無料。配送先や支払い方法も選べます。
商品を見るだけなら会員登録は不要ですが、商品を購入するなら会員登録が必要です。
会員登録すると、購入するたびにポイントがたまったり、毎回配達先を入力しなくてもすぐ購入することができるようになったりと便利です。

❷ アマゾンを検索します

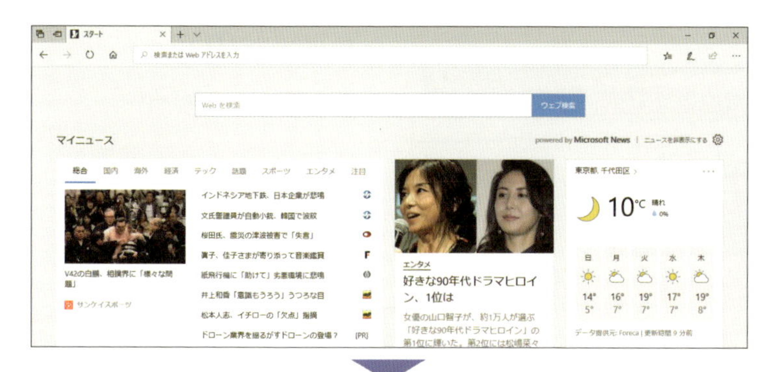

112 ページの方法で、ブラウザーを起動します。

検索欄に「アマゾン」と入力し、ウェブ検索 または 🔍 を左クリックします。

❸ アマゾンを表示します

「Amazon | 本 , ファッション , 家電から食品まで | アマゾン」のリンクを左クリックします。

次のページへ

4 アマゾンが表示されました

アマゾンの
ホームページが
表示されます。

5 会員登録を行います

ページの右上の
アカウント&リスト を
左クリックします。

amazon.co.jp

ログイン

Eメールまたは携帯電話番号

パスワード　パスワードを忘れた場合

ログイン

ログインしたままにする 詳細

Amazonの新しいお客様ですか？

Amazonアカウントを作成

左クリック

利用規約　プライバシー規約　ヘルプ

© 1996-2019, Amazon.com, Inc. or its affiliates

Amazonアカウントを作成 を
左クリックします。

アドバイス

買い物の途中で、このログインの画面が表示されることがあります。その場合は、このあとの会員登録で入力するメールアドレスとパスワードを入力して「ログイン」ボタンを左クリックしましょう。

6 自分の名前を入力します

amazon.co.jp
アカウントを作成
名前
工藤太郎
フリガナ
Eメールアドレス
入力

「名前」の欄を左クリックします。
名前を入力します。

amazon.co.jp
アカウントを作成
名前
工藤太郎
フリガナ
クドウタロウ
Eメールアドレス
入力

「フリガナ」の欄を左クリックします。
フリガナを入力します。

7 自分のメールアドレスを入力します

「E メールアドレス」の欄を左クリックします。
メールアドレスを入力します。

次のページへ

8 パスワードを入力します

「パスワード」と「もう一度パスワードを入力してください」の欄を左クリックし、同じパスワードを入力します。

アドバイス

パスワードは 6 文字以上が必要です。

9 アマゾンに登録します

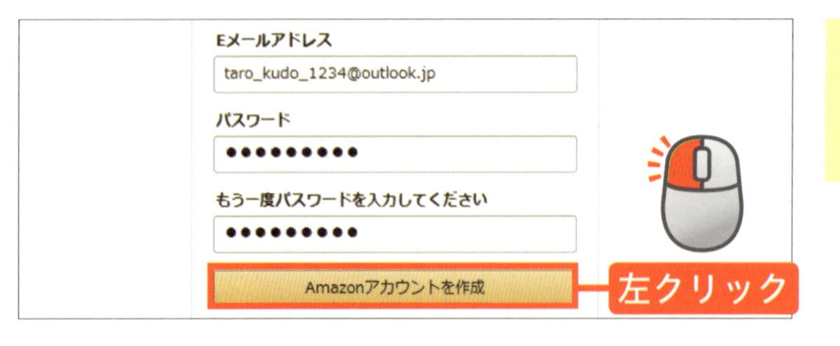

Amazonアカウントを作成 を左クリックします。

10 アマゾンからメールが届きます

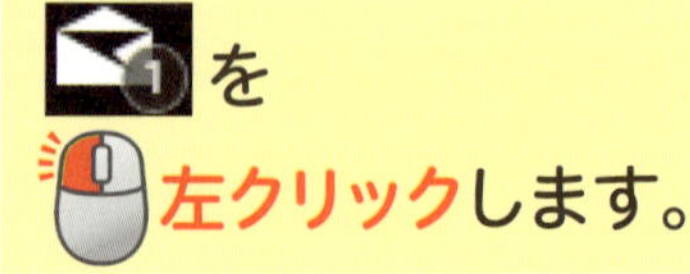

を左クリックします。

11 メールに記載された番号を入力します

メールアプリが起動します。

受信トレイを開き、アマゾンからのメールを表示します。メールに記載されたコードを確認します。

ブラウザーに戻り、メールに記載されたコードを「コードを入力」の欄に入力します。

確認 を左クリックします。

12 会員登録が完了します

会員登録が完了します。

アマゾンのホームページの右上に、名前が表示されます。

付録①
レッスン
58 商品を探してみよう

この章の進度

アマゾンには3億点以上の商品が登録されています。**商品名**や**商品の種類**で**検索**すると、買いたいものをすばやく探すことができます。

ここでの操作

左クリック
24ページ

ホイールを回す
25ページ

キー入力
60ページ

1 商品のキーワードを入力します

227ページから続けて操作します。

上部の検索欄を左クリックします。

買いたい商品名を入力します。

今回は「お米」と入力します。

アドバイス

入力途中で、下に表示された候補を左クリックしてもいいです。

2 商品を検索します

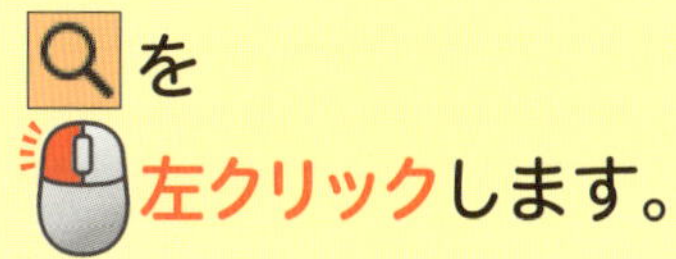

を左クリックします。

検索結果が表示されました。

ヒント 商品を絞り込もう

キーワードで商品を検索したとき、大量の検索結果が表示されることがあります。さらに商品を絞り込むなら、画面左側の絞り込み項目を使いましょう。商品によって、表示される項目は変わります。
買いたい商品に近い条件の項目をチェックすると、絞り込みが行われます。

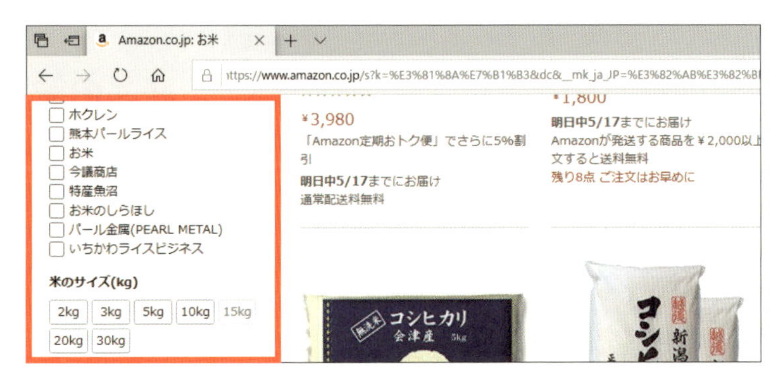

3 商品の情報を確認します

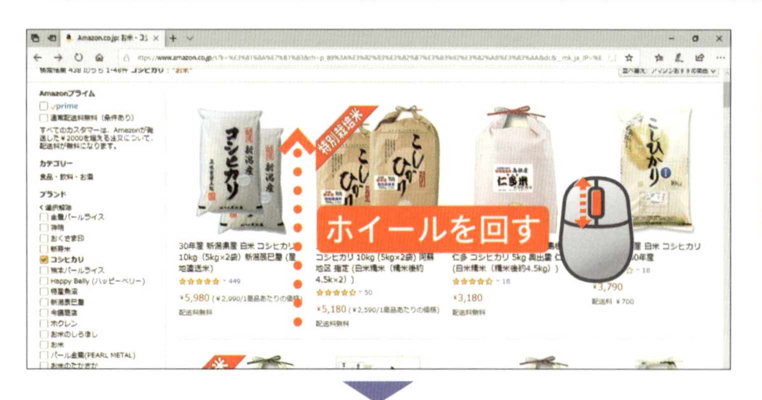

ホイールを回して、気になる商品を探します。

気になる商品の写真を左クリックします。

4 詳細を確認します

ホイールを回して、商品の説明や値段、口コミなどを確認します。

5 商品をカートに入れます

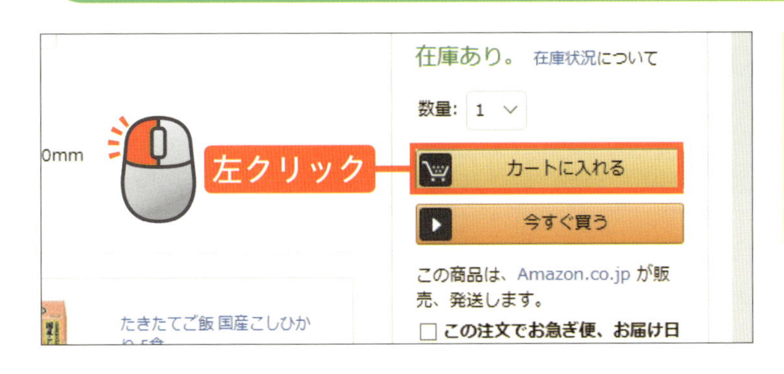

商品が決まったら、カートに入れるを左クリックします。

カートに商品が追加されます。

ヒント アマゾンのカートとは？

ショッピングカートのことです。お店で買い物をするときと同じように、カートに買いたい商品をいくつか入れて、アマゾンの最初のページのカートのマークからまとめて買うことができます。もちろん、カートから削除することもできます。

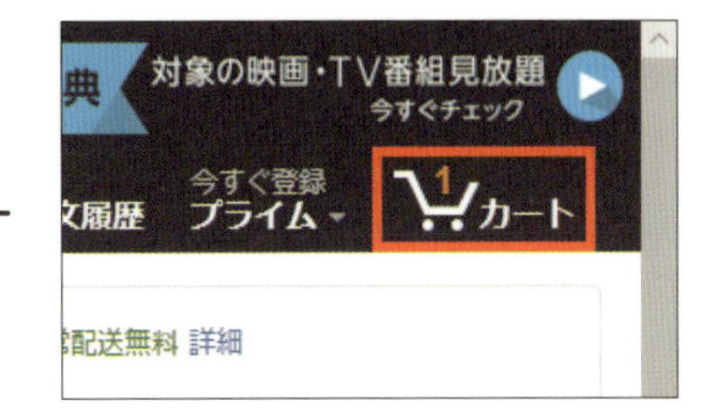

ヒント 配送料の違いを確認しよう

商品の金額のほか、配送料についても忘れずに確認しましょう。
通常配送の場合は、以下の値段がかかります。お急ぎ便を使うと、さらに料金が追加されます。
配送料の表示の近くにある「詳細」を左クリックして、よく確認しましょう。

通常配送の配送料　表中の金額はすべて税込みです。2020 年 8 月現在

条件	お届け先	
	本州・四国（離島を除く）	北海道・九州・沖縄・離島
ご注文金額が 2,000 円以上の場合	無料	無料
ご注文金額が 2,000 円に満たない場合	410 円	450 円

※キャンセルにより、上記「条件」を満たさなくなった場合は、配送料が加算されることがあります。
※ 2 か所以上に配送する場合は、1 配送先ごとのご注文金額が 2,000 円(税込)以上の場合、通常配送料が無料となります。

商品を注文しよう

買いたい商品をカートに入れたら、いよいよ注文です。
受け取り方法や決済方法などを入力して注文しましょう。

ここでの操作

1 Amazon ギフト券を購入しておきます

今回は、支払いにAmazon（アマゾン）ギフト券を使います。

あらかじめ、コンビニなどの店頭で購入しておきましょう。

2 商品の注文に進みます

231ページから続けて操作します。

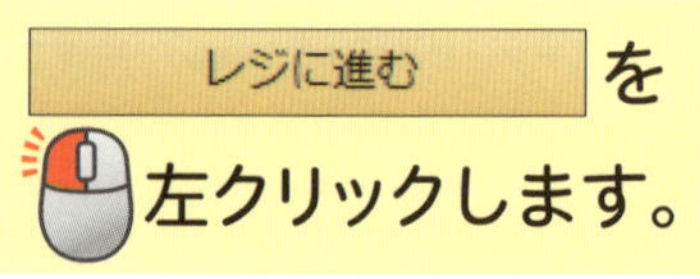

を左クリックします。

3 住所の登録画面が表示されます

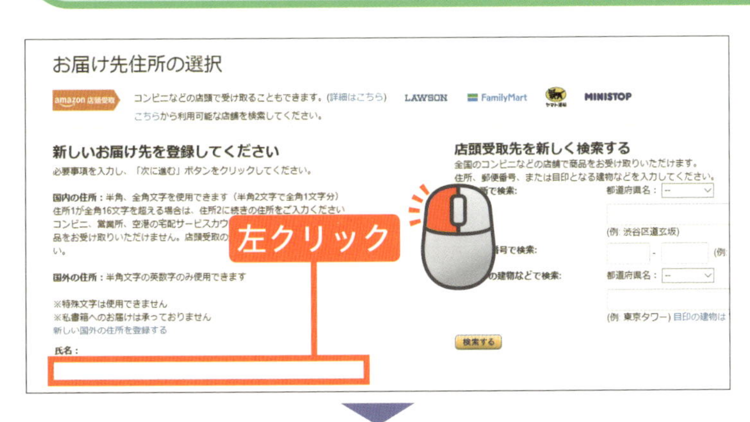

今回は、自宅への配送とします。

「氏名」の欄を左クリックします。

自分の名前を入力します。

4 郵便番号を入力します

郵便番号の欄を左クリックします。

2か所とも入力します。

郵便番号を入力すると、下の住所の欄に途中まで自動入力されます。

次のページへ

5 住所を入力します

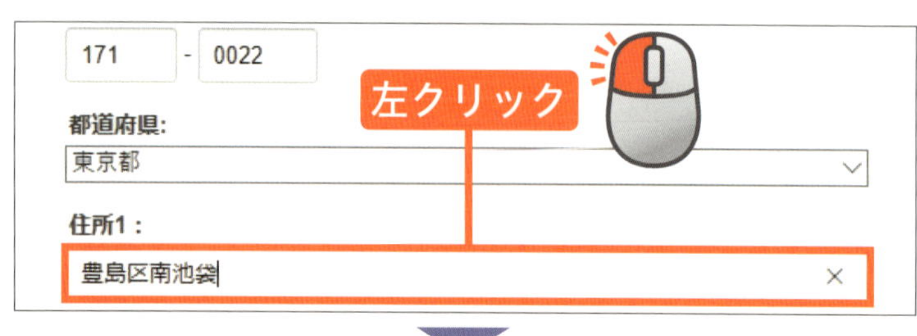

「住所 1」の欄を
左クリックします。

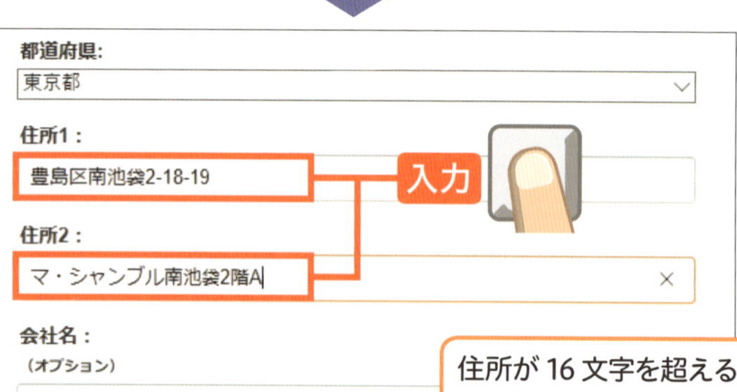

番地や
マンション名などの
住所を
入力します。

住所が 16 文字を超える場合は、「住所 2」の欄も使って入力しましょう。

6 電話番号を入力します

郵便番号:
171 - 0022
都道府県:
東京都
住所1：
豊島区南池袋2-8-19
住所2：
マ・シャンブル南池袋2階A
会社名：
(オプション)
電話番号：（詳細はこちら）
03-6804-1055
入力
このお届け先の配送オプション（詳しくはこちら）

「電話番号」の欄を

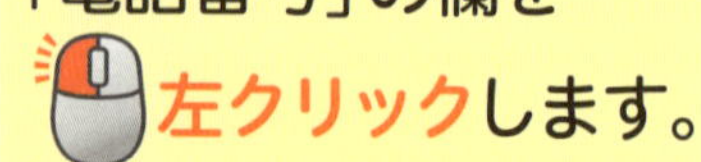

連絡の取れる
電話番号を

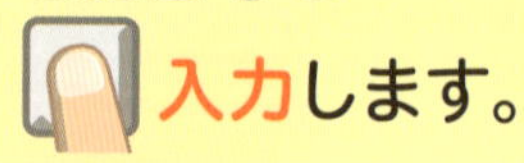

アドバイス

「-」（半角ハイフン）は、キーボード右上の「ほ」と描かれたキーで入力できます。

7 購入を進めます

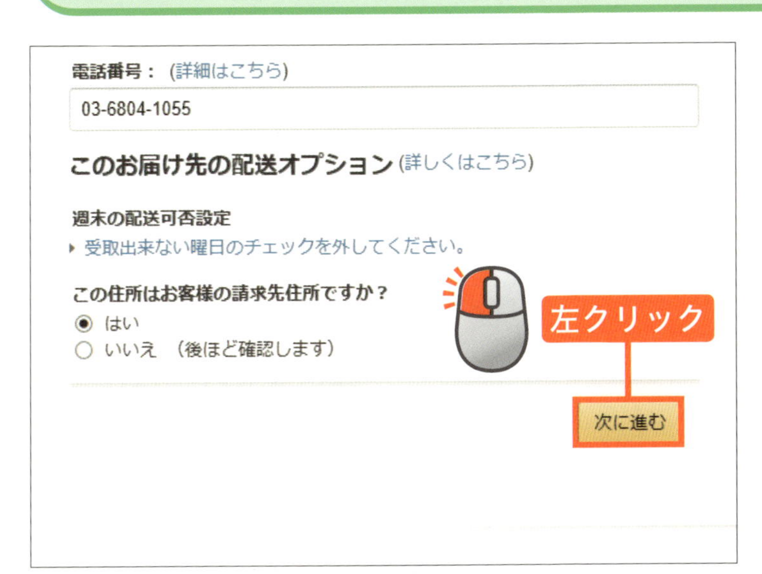

ページの一番下の

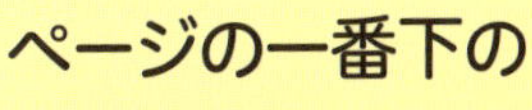

を左クリックします。

アドバイス

「この住所はお客さまの請求先住所ですか？」は、支払い者と届け先が同じならそのままで大丈夫です。

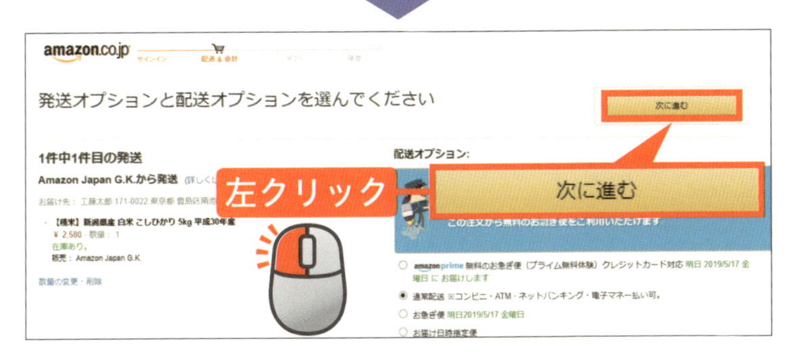

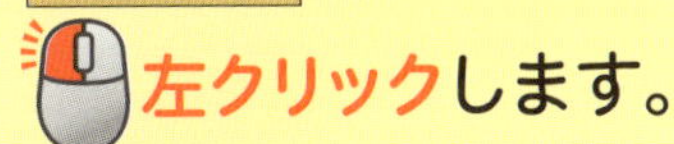

を左クリックします。

アドバイス

「配送オプション」は「通常配送」にしています。

8 支払い方法を選択します

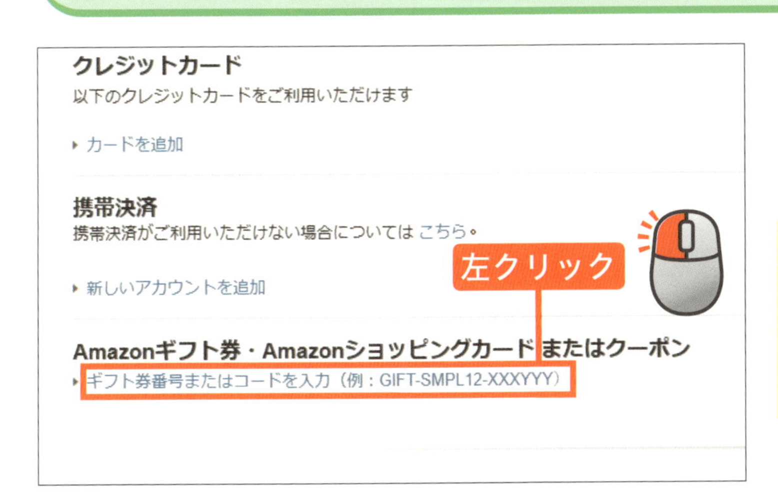

今回は Amazon ギフト券支払いとします。

「ギフト券番号またはコードを入力」を左クリックします。

次のページへ

9 ギフト券の番号を入力します

Amazonギフト券・Amazonショッピングカード またはクーポン

ギフト券番号またはコードを入力（例：GIFT-SMPL12-XXXYYY）

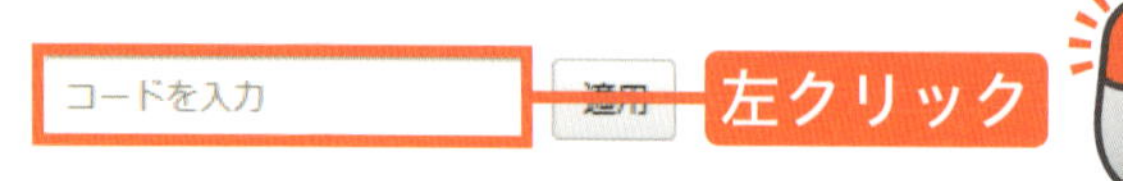

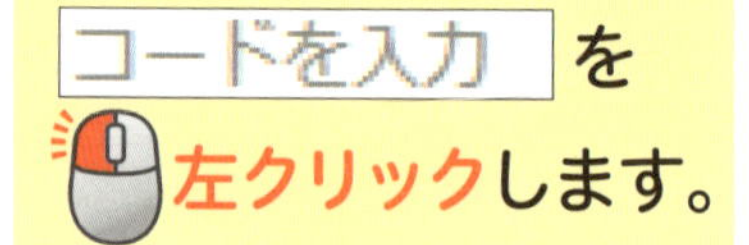

左クリックします。

Amazonギフト券・Amazonショッピングカード またはクーポン

ギフト券番号またはコードを入力（例：GIFT-SMPL12-XXXYYY）

お困りの場合当社のヘルプペ

利用規約|プライバシ

Amazon ギフト券の裏に書いてあるギフト券番号を入力します。

10 購入金額を登録します

その他のお支払いオプション

クレジットカード

以下のクレジットカードをご利用いただけます

カードを追加

携帯決済

携帯決済がご利用いただけない場合については こちら。

新しいアカウントを追加

Amazonギフト券・Amazonショッピングカード またはク

ギフト券番号またはコードを入力（例：GIFT-SMPL12-XXXY

AQE2- 適用

左クリック

お困りの場合当社のへ

利用規約|プラ

適用 を左クリックします。

ギフト券の購入金額が、アマゾンに登録されます。

Amazon ギフト券の有効期限は、登録した日から 10 年間です。

11 注文内容を確認します

画面上の残高を確認して、次に進むを左クリックします。

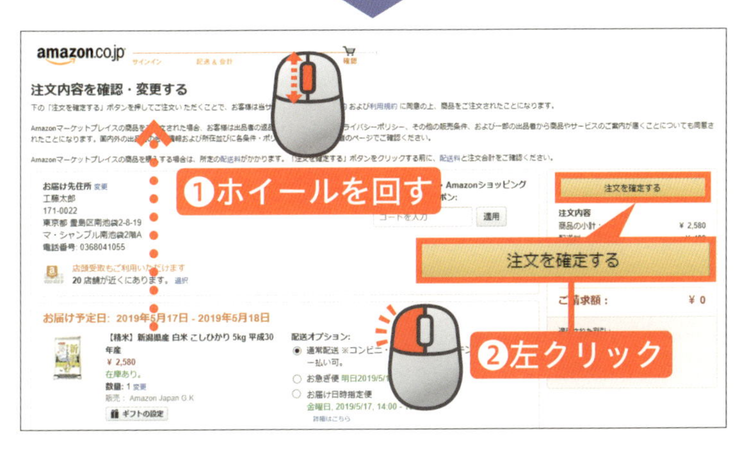

ホイールを回して、注文内容をよく確認します。

問題なければ、注文を確定するを左クリックします。

12 注文が完了しました

注文が確定します。

アドバイス

登録したメールアドレスに、注文確認のメールが届きます。

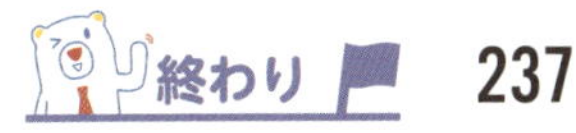

付録①

この章の進度

レッスン60 商品をキャンセルしよう

誤って商品を注文してしまった場合は、キャンセルをしましょう。
キャンセルできる商品は、注文履歴に、キャンセルのボタンがあります。

ここでの操作

左クリック

24ページ

1 注文履歴を表示します

223ページの方法で、アマゾンのホームページを表示します。

ページの右上の

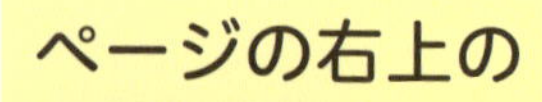

注文履歴 を

左クリックします。

キャンセルする商品の

商品をキャンセル を

左クリックします。

ページの右上に登録した名前が入っていなければ、「アカウント&リスト」を左クリックして、登録した会員情報でログインしましょう。

2 商品をキャンセルします

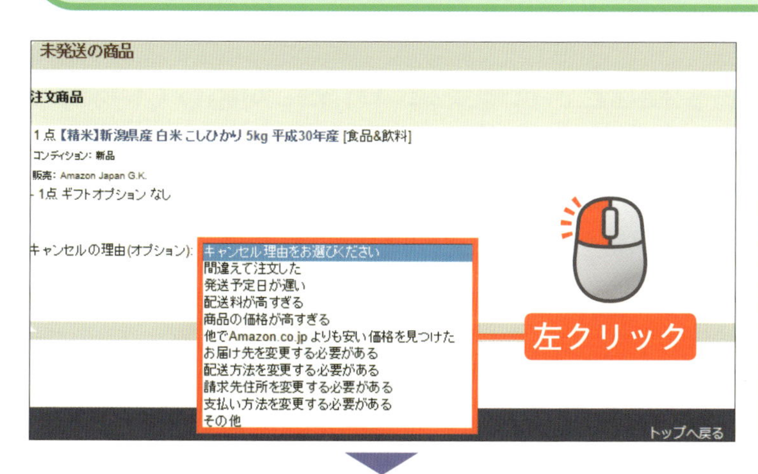

キャンセルの理由（オプション）の欄を左クリックし、理由を左クリックします。

キャンセルする商品にチェックマークが入っていることを確認して、チェックした商品をキャンセルするを左クリックします。

3 商品がキャンセルされました

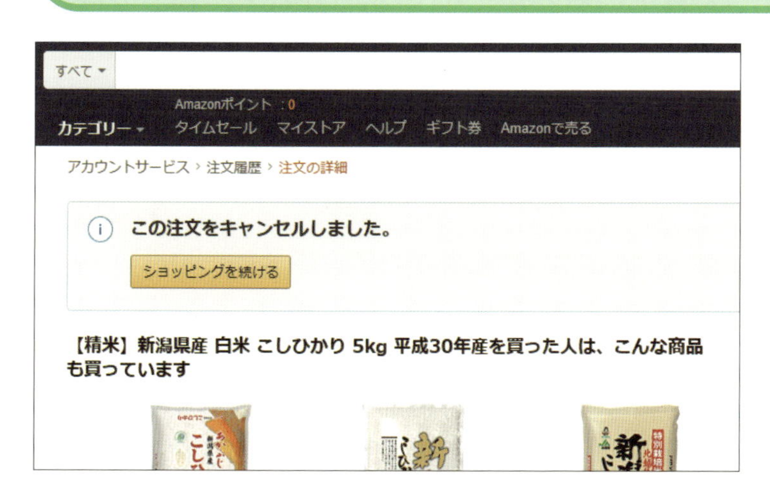

注文がキャンセルされました。

キャンセルのメールが届くので、必ず確認しましょう。

ステップアップ

Q ほかの支払い方法を知りたい！

A クレジットカードや代金引換など、各種支払い方法に対応しています。

アマゾンは、コンビニ支払い、クレジットカード支払い、代金引換、Amazon ギフト券、携帯支払いなどに対応しています。
詳しくは、アマゾンの最初のホームページの下部にある「すべての支払い方法を見る」のリンクを左クリックして確認してください。

ステップアップ

Q 買い物で気をつけることは？

A 注文前に間違いがないかよく確認しましょう。

アマゾンなどのネットショップでの買い物で気をつけることは、注文を確定する前に、注文内容に間違いがないかよく確認することです。
たとえば、注文前に何度かやり直しをしていると、注文数が増えていたり、カートに入れていないつもりの商品が入っていたりすることがあります。注文をする前に、カートに入れている商品に何があるかなど、確かめるようにしましょう。

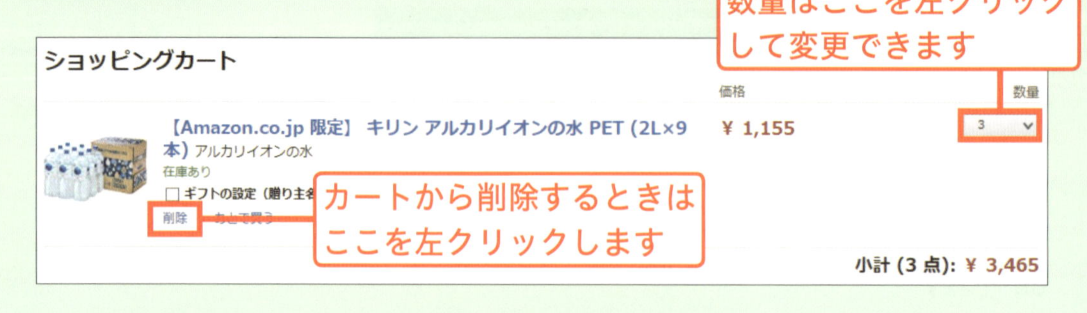

付録②

マイクロソフトアカウントについて知ろう

この章のレッスン

付録②

レッスン 61

この章の進度

マイクロソフトアカウントを知ろう

ウィンドウズのパソコンで、メールをしたり、アプリを追加するには、マイクロソフトアカウントが必要です。まずは、これがなにかを知っておきましょう。

マイクロソフトアカウントってなに？

アカウントとは、パソコンを使う権利のことです。ウィンドウズのパソコンでは、マイクロソフトのサービスを使う人のためのマイクロソフトアカウントか、それらを使わない人のためのローカルアカウントの、いずれかを設定する必要があります。

マイクロソフトアカウントが必要

マイクロソフトのサービス

ローカルアカウントまたはマイクロソフトアカウントで使える

マイクロソフトの主なサービス

マイクロソフトアカウントを設定すれば、以下のようなサービスを便利に使えます。

1 メール

メールをやり取りするためのアプリです。
マイクロソフトアカウントは、そのままメールのアドレスとして使えます。

2 カレンダー

スケジュールを管理するアプリです。
日付を確認できるのはもちろん、予定を登録しておくこともできます。

3 ピープル

家族や友人、会社などの名前や連絡先を登録するアプリです。
いわゆる、パソコン版のアドレス帳です。

4 ワンドライブ

インターネット上にデータを保存しておけるアプリです。
無料で 5 ギガバイトまで利用できます。

5 ストア

新しいアプリを入手できるアプリです。
無料のアプリから有料のアプリまであります。

マイクロソフトアカウントがあると、パソコンをもっと便利に使えます！

この章の進度

マイクロソフトアカウントを確認しよう

まずは、マイクロソフトアカウントを作成する必要があるかを確認しましょう。パソコンの初期設定で作っていれば、新たに作成する必要はありません。

ここでの操作

左クリック

24ページ

1 スタートメニューを表示します

30 ページの方法で、スタートメニューを表示します。

 を

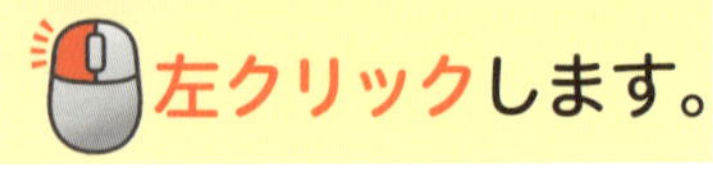

2 現在の設定を確認します

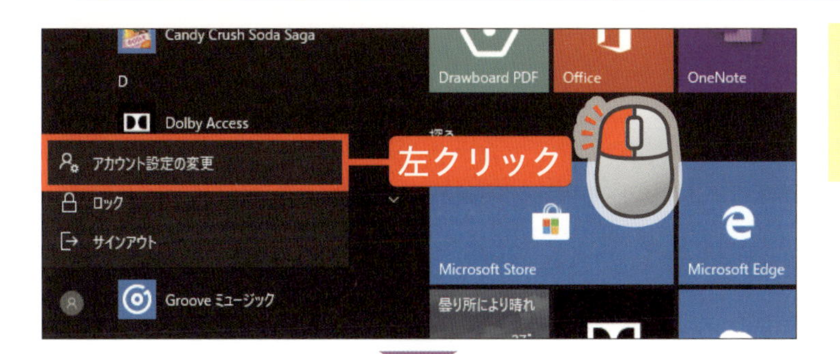

を左クリックします。

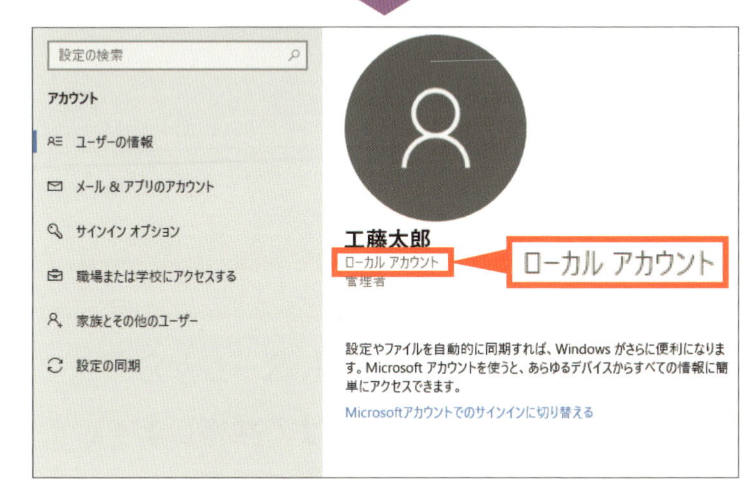

名前の下に「ローカルアカウント」と表示されていると、マイクロソフトアカウントは設定されていません。次のレッスンに進んでください。

ヒント マイクロソフトアカウントが設定されている場合は？

「xxx@outlook.jp」のような表示になっている場合は、パソコンの初期設定のときにマイクロソフトアカウントを取得し、このパソコンに設定しています。この場合は、次のレッスンに進む必要はありません。

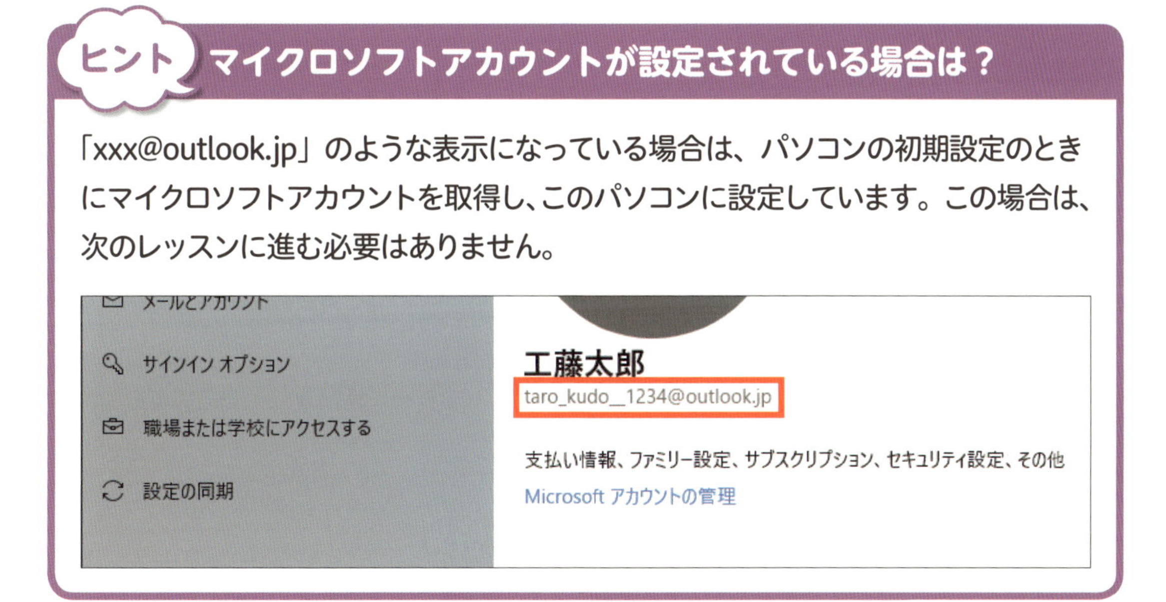

終わり

付録②

レッスン63

この章の進度

マイクロソフトアカウントを取得しよう

マイクロソフトアカウントを取得しましょう。手順に沿ってメールアドレスを作り、パスワードを設定します。これがマイクロソフトアカウントになります。

ここでの操作

左クリック

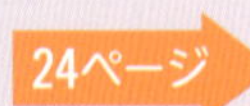

24ページ

入力

60ページ

1 アカウント作成をはじめます

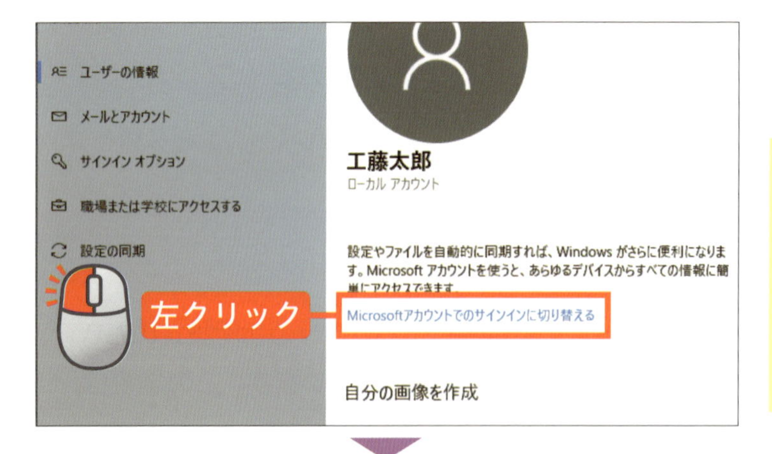

245 ページから続けて操作します。

「Microsoft アカウントでのサインインに切り替える」を左クリックします。

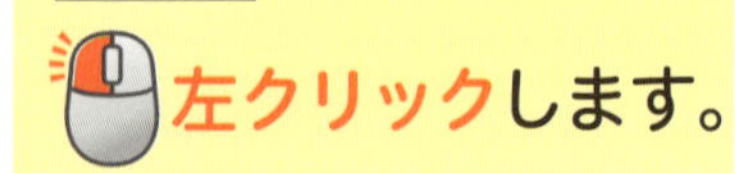

作成 を左クリックします。

② メールアドレスを取得します

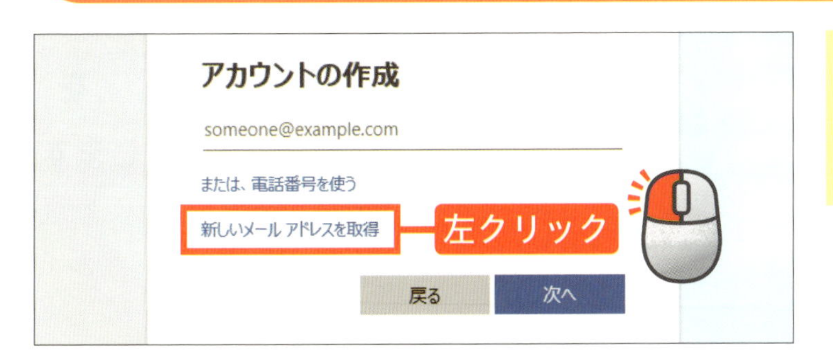

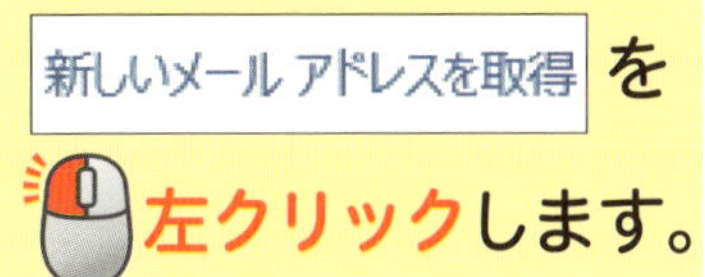

を左クリックします。

③ メールアドレスの候補を入力します

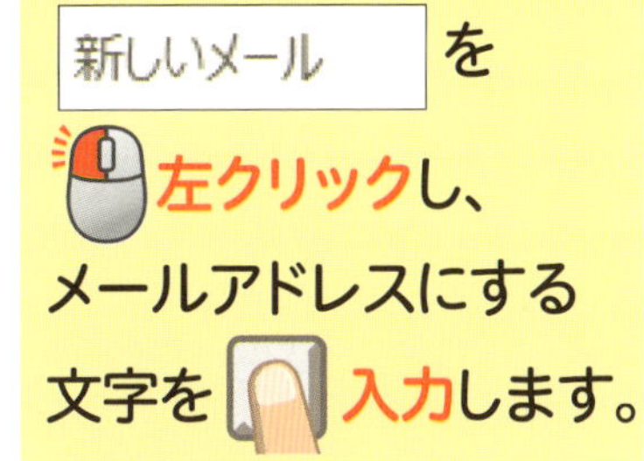

を左クリックし、メールアドレスにする文字を入力します。

アドバイス

英語と数字の小文字を組み合わせましょう。

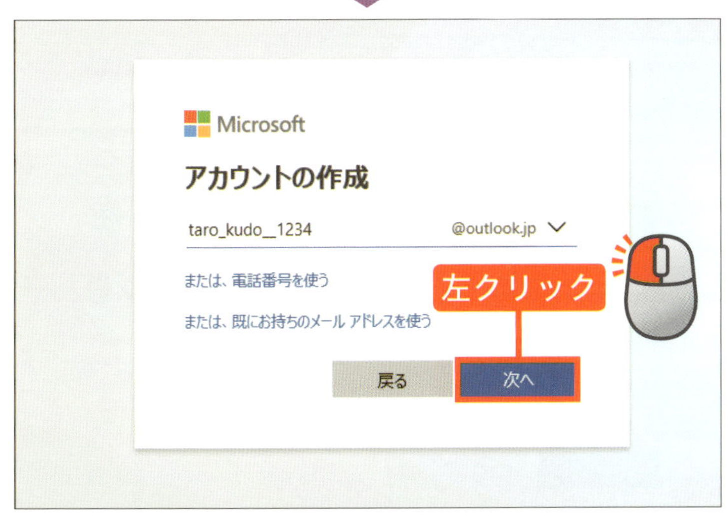

を左クリックします。

アドバイス

「既に使用されています」という注意が表示されたら、別の文字に変えてください。

次のページへ

4 パスワードを入力します

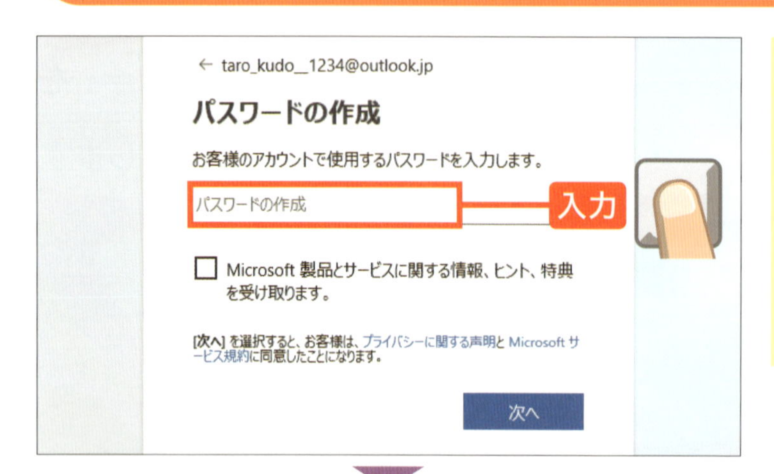

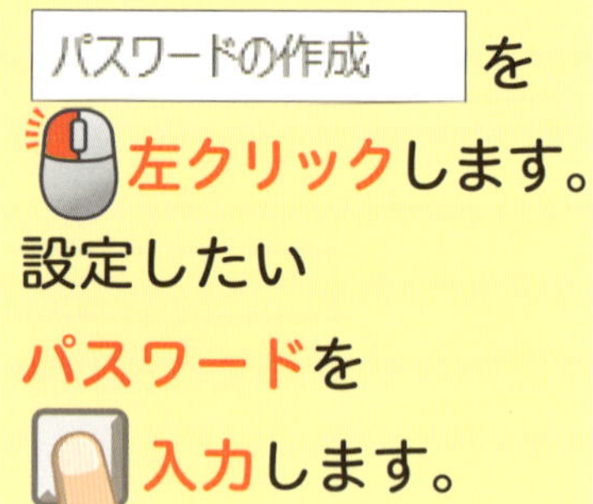

を左クリックします。設定したいパスワードを入力します。

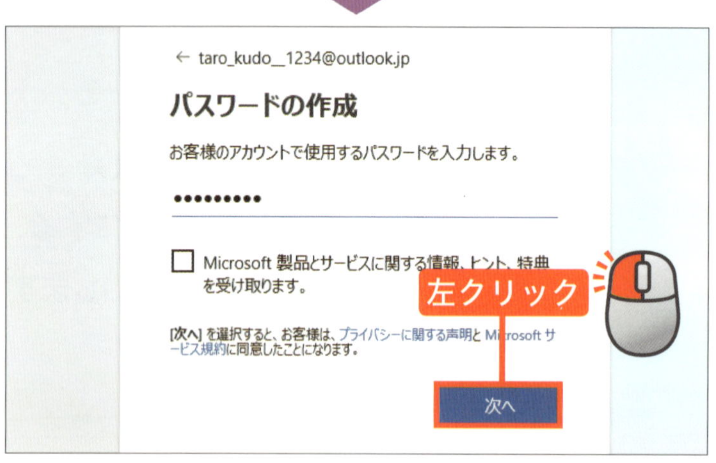

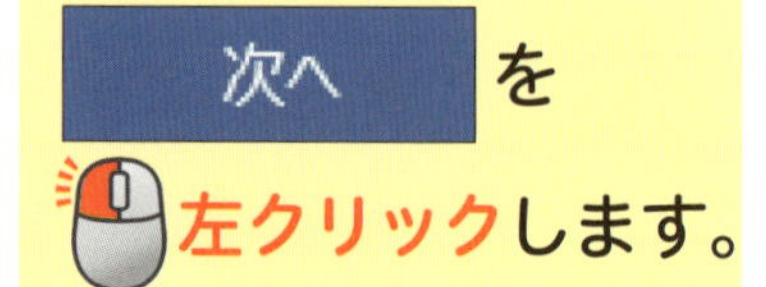

を左クリックします。

5 名前を入力します

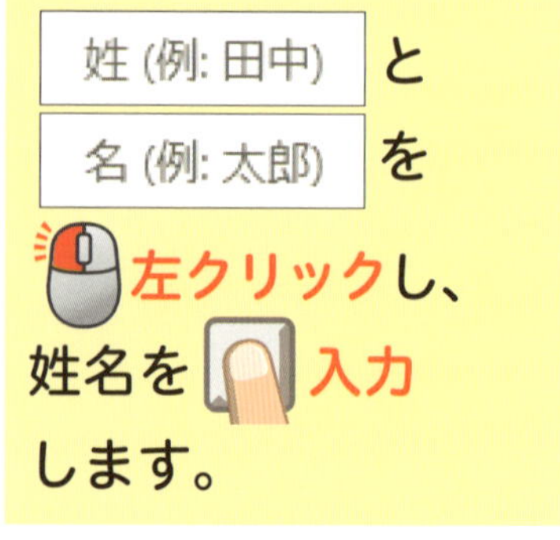

と を左クリックし、姓名を入力します。

6 次へ進みます

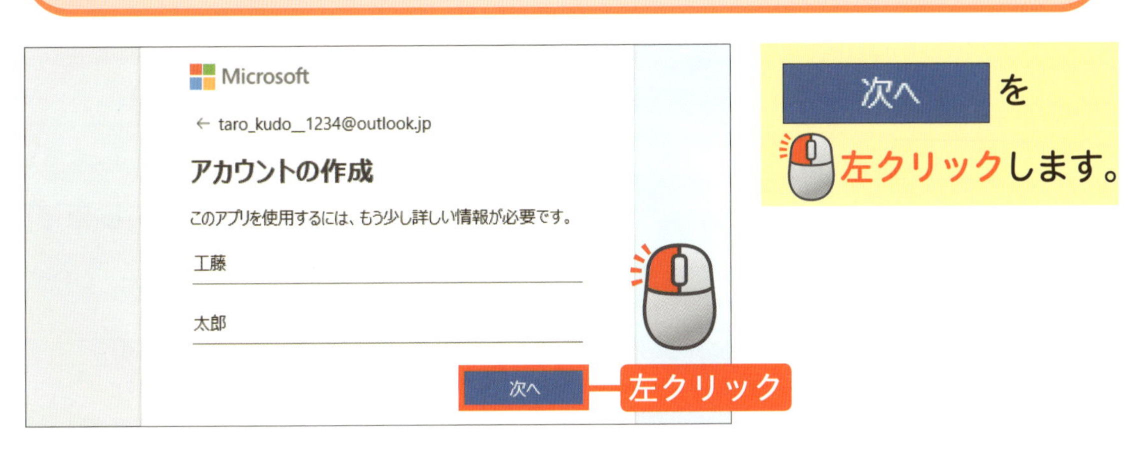

次へ を
左クリックします。

7 生年月日を入力します

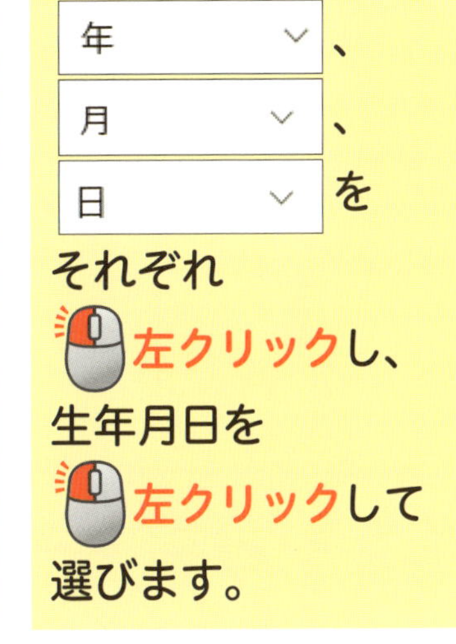

年 、
月 、
日 を
それぞれ
左クリックし、
生年月日を
左クリックして
選びます。

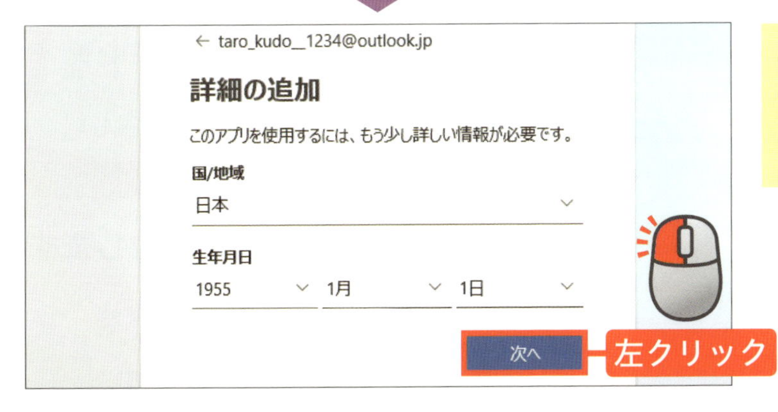

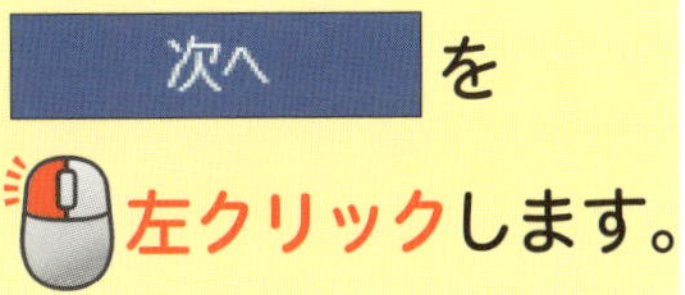

次へ を
左クリックします。

次のページへ

8 携帯電話番号を入力します

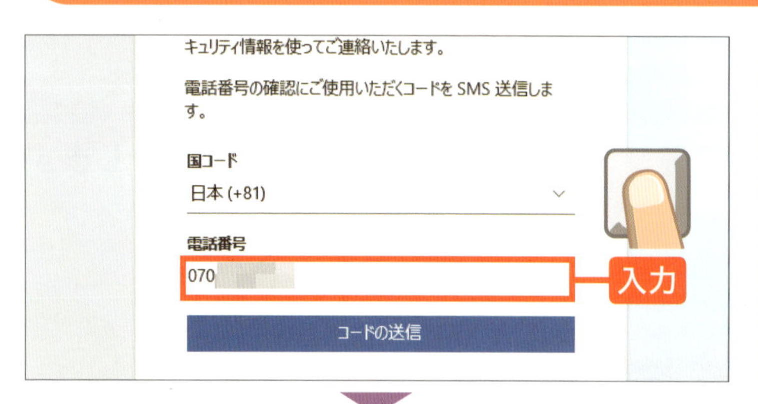

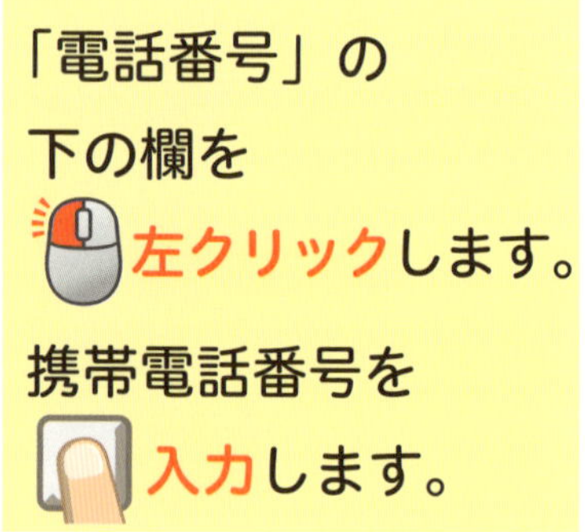

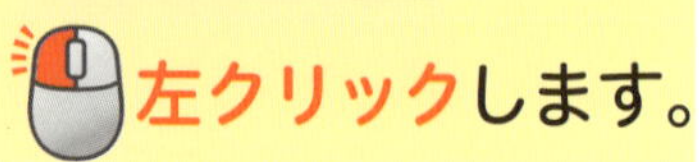

携帯電話（スマートフォン）に**アクセスコード**が書かれたメッセージが届きます。

9 アクセスコードを入力します

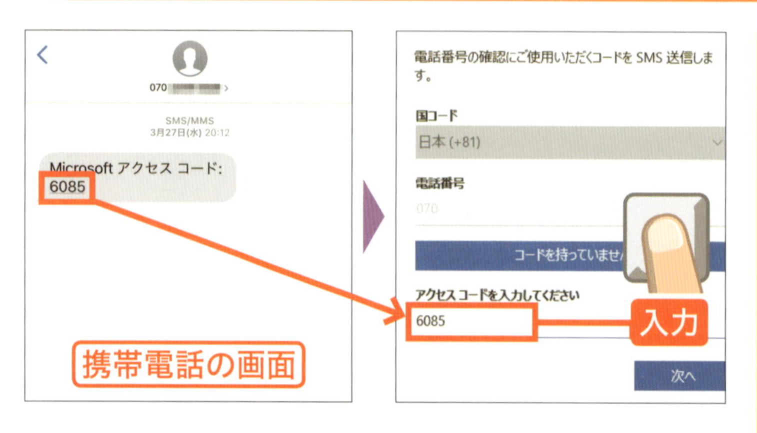

「アクセスコードを入力してください」の欄を

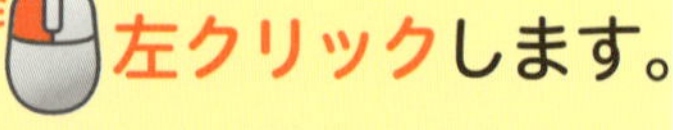

アクセスコードを

入力します。

10 次へを進みます

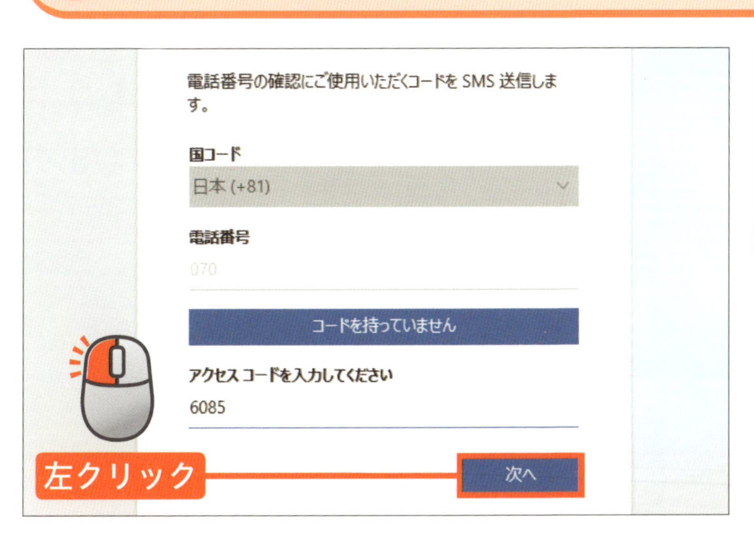

を
左クリックします。

アドバイス

アクセスコードは電話番号が正しいものか確かめるための数字です。この登録作業以外では使いません。

11 現在のパスワードを入力します

「現在の Windows パスワード」を
左クリックします。
これまでパソコンの起動時に入力していたパスワードを
入力します。

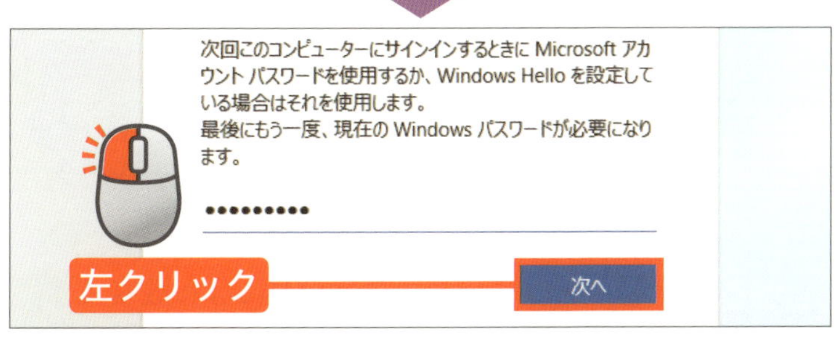

を
左クリックします。

次のページへ

⑫ PIN を設定します

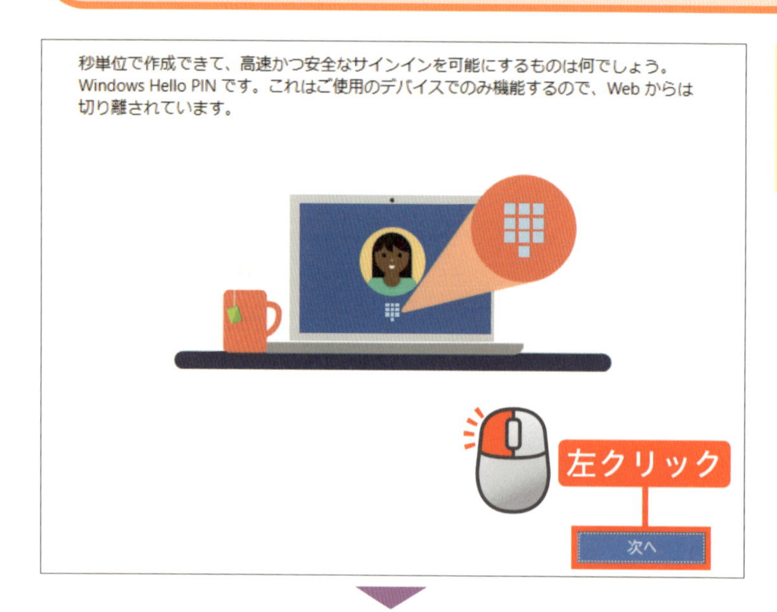

を左クリックします。

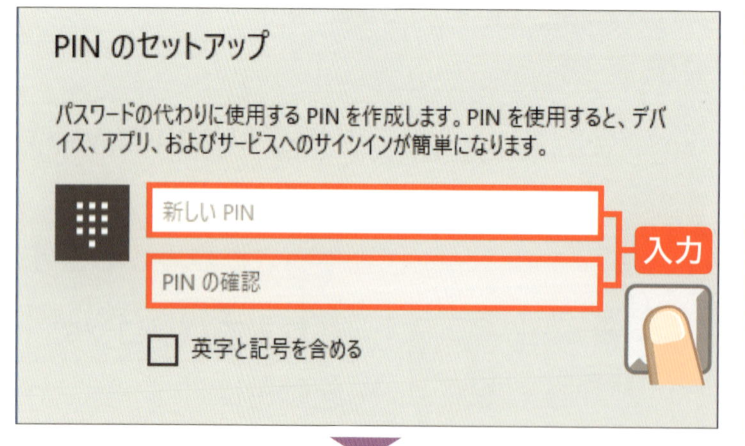

新しい PIN、PIN の確認を左クリックし、PIN に設定する4桁の数字を両方に入力します。

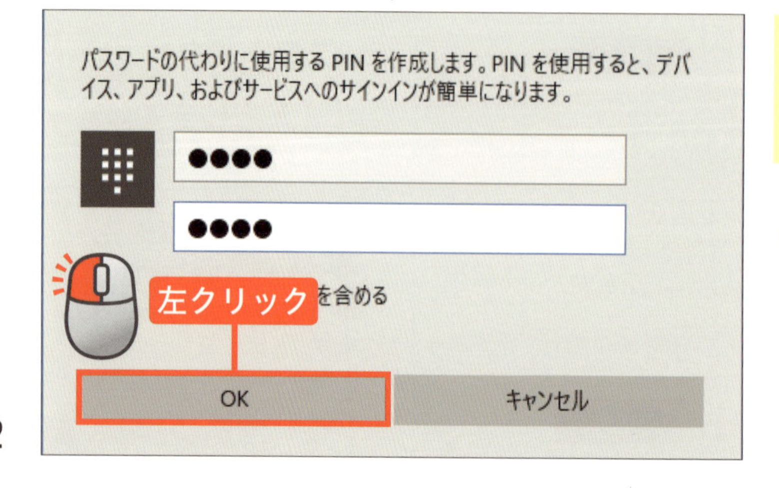

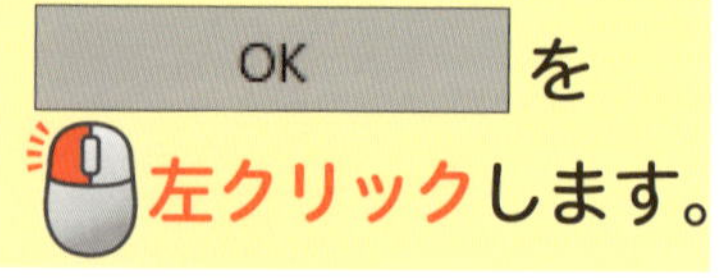

を左クリックします。

アドバイス

PIN（ピン）は、パソコンを起動するときに入力する、パスワードの代わりになる数字です。

13 マイクロソフトアカウントが設定できました

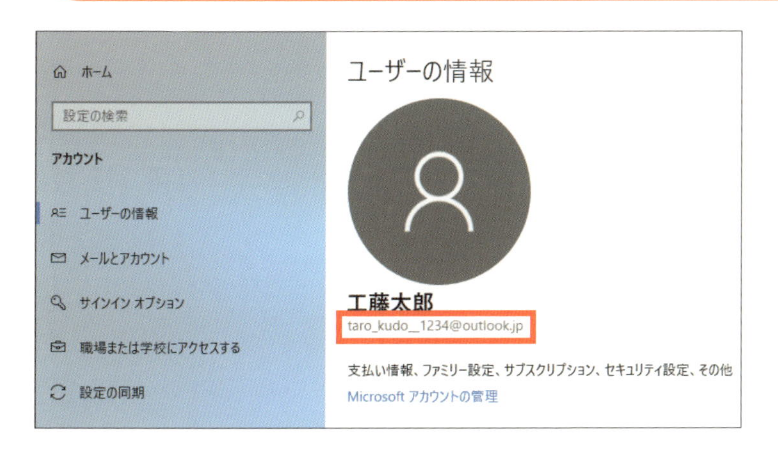

マイクロソフトアカウントが設定されます。以降は、このアカウントでパソコンを使えます。

ヒント マイクロソフトアカウントの使い方

このレッスンの手順でマイクロソフトアカウントを設定したら、以降はそのアカウントでパソコンを使えるようになります。
マイクロソフトアカウントを使ってパソコンを起動するときには、パスワードの入力画面で、252 ページで設定した PIN（ピン）という 4 桁の数字を入力します。
もし PIN を忘れてしまったときには、パソコンの起動時に表示される PIN の入力で、「PIN を忘れた場合」を左クリックします。するとマイクロソフトアカウントのパスワードを求められますが、その際には 248 ページで設定したパスワードを入力してください。

終わり

索引

英字

あ行

か行

さ行

た行

な行

は行

ま行

や行

ら行

わ行

本書の注意事項

- 本書に掲載されている情報は、2019年6月20日現在のものです。本書の発行後にウィンドウズ 10の機能や操作方法、画面が変更された場合は、本書の手順どおりに操作できなくなる可能性があります。
- 本書に掲載されている画面や手順は一例であり、すべての環境で同様に動作することを保証するものではありません。読者がお使いのパソコン環境、周辺機器、スマートフォンなどによって、紙面とは異なる画面、異なる手順となる場合があります。
- 読者固有の環境についてのお問い合わせ、本書の発行後に変更されたアプリ、インターネットのサービス等についてのお問い合わせにはお答えできない場合があります。あらかじめご了承ください。
- 本書に掲載されている手順以外についてのご質問は受け付けておりません。
- 本書の内容に関するお問い合わせに際して、電話によるお問い合わせはご遠慮ください。

著者紹介

リブロワークス

書籍の企画、編集、デザインを手がけるプロダクション。手がける書籍はスマートフォン、Webサービス、プログラミング、WebデザインなどIT系を中心に幅広い。最近の著書は『スラスラ読める Rubyふりがなプログラミング』（インプレス）、『今すぐ使えるかんたん Outlook 2019』（技術評論社）、『アナと雪の女王 ディズニーはじめてのプログラミング』（KADOKAWA）など。

●ホームページ
https://www.libroworks.co.jp/

カバーデザイン　西垂水 敦（krran）
カバーイラスト　土居 香桜里
本文イラスト（シロクマ）　加藤 陽子
制　作　リブロワークス

いちばんやさしいパソコン超入門
ウィンドウズ 10対応

2019年 7 月15日　初版第1刷発行
2021年12月 1 日　初版第6刷発行

著　者　リブロワークス
発行者　小川 淳
発行所　SBクリエイティブ株式会社
〒106-0032 東京都港区六本木2-4-5
https://www.sbcr.jp/
印　刷　株式会社シナノ

落丁本、乱丁本は小社営業部（03-5549-1201）にてお取り替えいたします。
定価はカバーに記載されております。
Printed in Japan　ISBN978-4-8156-0177-5